NEW 스마트폰 100배 활용하기 개정판

박대영 · 양지웅 · 서나윤 지음

북스힐

개정판

New 스마트폰 100배 활용하기

개정판 1쇄 인쇄 | 2020년 7월 10일
개정판 1쇄 발행 | 2020년 7월 15일

지은이 | 박대영 · 양지웅 · 서나윤
펴낸이 | 조승식
펴낸곳 | 도서출판 북스힐
등록 | 1998년 7월 28일 제22-457호
주소 | 01043 서울시 강북구 한천로 153길 17
전화 | 02-994-0071
팩스 | 02-994-0073
홈페이지 | www.bookshill.com
이메일 | bookshill@bookshill.com

정가 26,000원
ISBN 979-11-5971-284-5

우리는 오늘날 IT산업과 정보 통신기술의 발달을 일컬어 4차 산업혁명의 시대라고 합니다. 하지만 막상 4차 산업혁명을 정의하라고 하면 매우 포괄적이며, 딱히 정의하기에는 막연할 뿐입니다. 뿐만 아니라 우리는 지금 예측 불가능한 미래와 마주하고 있으면서 4차 산업혁명의 시대를 맞이하고 있습니다. 그렇다면 세대별 산업혁명에 대하여 먼저 간단하게 알아보도록 하겠습니다.

제1차 산업혁명Industrial Revolution 은 18세기 중반부터 19세기 초반까지 영국에서 시작된 기술의 혁신과 이로 인해 일어난 사회, 경제 등의 큰 변화를 일컬어 제1차 산업혁명이라 합니다.

제2차 산업혁명Second Industrial Revolution은 1865년부터 1900년 사이에 영국, 독일, 프랑스, 미국 등의 공업생산력이 향상되면서 영국과 상대적인 개념으로 이들 국가의 기술 혁신을 강조할 때 특히 사용됩니다. 이 시대에는 화학, 전기, 석유 및 철강 분야에서 기술 혁신이 진행되면서 영화, 라디오, 축음기 등이 개발되어 대중의 요구에 부응하면서 고용의 측면에서도 크게 기여하는 시대를 말합니다.

제3차 산업혁명Third Industrial Revolution(정보산업혁명)은 인터넷과 재생에너지로 대표되는 단계에서 더 진화한 혁명으로도 일컬어집니다. 특히 3차 산업혁명은 소유를 중심으로 한 수직적 권력구조를 공유를 중심으로 한 수평적 권력 구조로 재편했다고 주장할 수 있습니다. 3차 산업혁명의 대표 산업으로 사회적 기업을 꼽을 수 있으며, 주거 형태로는 주거지와 미니 발전소의 결합(빌딩의 발전소화), 협업경제·분산 자본주의의 경제구조를 그 특징으로 제시할 수 있습니다.

제4차 산업혁명Fourth Industrial Revolution은 초연결hyper connectivity과 초지능super intelligence을 특징으로 하기 때문에 기존 산업혁명에 비해 더 넓은 범위scope에 더 빠른 속도velocity로 크게 영향impact을 끼칩니다. 4차 산업혁명의 용어는 2016년 세계경제포럼WEF: World Economic Forum에서 언급되었으며, 정보 통신 기술ICT 기반의 새로운 산업 시대를 대표하는 용어가 되었습니다.[1]

2016년을 시작하며 세계경제포럼은 향후 세계가 직면할 화두로 '4차 산업혁명'을 던졌습니다. 그 이후 4차 산업혁명이 유행어처럼 회자되었고 많은 논의가 이루어지기 시작했습니다. 더욱이 2016년 3월, 알파고Alpha Go[2]와 이세돌의 바둑 대결은 4차 산업혁명의 한 단면을 보여 주는 사건으로 다가왔습니다. 인공지능과 로봇, 사물인터넷, 빅데이터 등을 통한 새로운 융합과 혁신이 빠르게 진행되고 있음을 보여 주는 사건이었습니다. 사실 4차 산업혁명이 무엇인가에 대해서는 명확하게 확립된 개념도, 이론도, 실체도 아직 없는 것이 현실입니다.

2016년 세계경제포럼에서 4차 산업혁명을 제시하기 전인 2011년에 독일 정부는 이미 '인더스트리 4.0(제조업 4.0)' 정책을 추진하기 위해 4차 산업혁명

---

1 제레미 리프킨 저, 안진환 역, 3차 산업혁명, 민음사, 2012. 리처드 서스킨드, 대니얼 서스킨드 저, 위대선 역, 4차 산업혁명 시대 전문직의 미래, 와이즈베리, 2016. 클라우스 슈밥 저. 송경진 역, 클라우스 슈밥의 제4차 산업 혁명, 새로운현재, 2016, ISBN 9788962805901.
2 그리스 문자의 첫 번째 글자로 최고를 의미하는 '알파(α)'와 '碁(바둑)'의 일본어 발음에서 유래한 영어 단어 'Go'를 뜻한다. 즉 바둑의 첫 번째라는 의미

개념을 사용했습니다. 인더스트리 4.0은 제조업의 혁신을 통해 경쟁력을 강화하기 위한 것으로, 사물인터넷IoT, internet of things을 통해 생산기기와 생산품 간의 정보 교환이 가능한 제조업의 완전한 자동 생산 체계를 구축하고 전체 생산 과정을 최적화하는 목표로 추진되었습니다.[3]

4차 산업혁명의 요소들

이제 점점 우리가 다루고자 하는 것이 나타나기 시작합니다. 즉, 교과서적인 산업혁명과 다른 차원의 것들을 본서에서 다음과 같이 요약하여 실생활에 적용 가능한 것부터 하나씩 다루어 보기로 하겠습니다. 본서에서 말하는 4차 산업혁명의 가장 기초적인 것은 우리가 매일 눈뜨면 보고 잠들기 전까지 인간과 함께하는 내손안의 혁명, 즉 스마트폰입니다. 즉, 인간과 사물을 포함한 모든 것들이 연결되며, 초현실적 모든 사이버가 융합되는 새로운 패러다임으로 변화하는 스마트폰의 혁명을 설명하고자 하는 것입니다.

4차 산업 환경에서 빅데이터가 산출되며, 이것을 처리, 활용하는 인공지능의 발전으로 모든 사물을 연결시키는 현실 세계는 개인의 정보와 정부기관의 정보를 다시 매개시키는 공간이 됩니다. 그 결과 손안에 스마트폰 하나만 있으면 모든 것이 해결되는 세상이 도래하는 것이며 이것이 바로 4차 산업혁명의 요소들입니다.

여기 내 손안의 스마트폰에서 4차 산업혁명의 키워드를 도출해봅시다. 뭐니 뭐니 해도 스마트폰의 혁명은 APP의 등장입니다. 앱은 스마트폰에 최적화된 응용 소프트웨어로서 게임, e-book, 내비게이션 등 다양한 서비스를 제공하며, 앱 스토어를 통해 자신이 원하는 모바일 앱을 구입하고 스마트폰에 추가하여 무엇이든지 이용할 수 있습니다. 즉, 4차 산업혁명의 핵심은 내

---

3 네이버 검색 지식백과 http://terms.naver.com/search.nhn?query=%EC%A0%9C4%EC%B0%A8%EC%82%B0%EC%97%85%ED%98%81%EB%AA%85&searchType=text&dicType=&subject=

손안에 있는 스마트폰과 모든 것들의 '연결' 그리고 '지능'입니다.

한국의 4차 산업혁명의 길

이제 4차 산업혁명의 길로 들어섰습니다. 그런데 이것이 어떤 방향으로 진행될지, 어떤 결과를 낳을지 장담할 수는 없습니다.

그러면 여기서 우리가 사용하고 있는 스마트폰을 봅시다. 스마트폰 1대의 가격은 적게는 몇십만 원에서 많게는 몇백만 원까지 다양합니다. 그렇다면 고가의 스마트폰을 우리는 얼마나 유용하게 사용하고 있을까요? 이를 최대한 활용하는 것이 4차 산업혁명의 가장 기초적인 단계이며, 4차 산업혁명의 시작이라 할 수 있습니다.

4차 산업혁명은 결국 스마트폰을 통한 지능과 연결을 키워드로 하여 일어나는 새로운 산업혁명입니다. 아직 4차 산업혁명이 본격화되지 않았지만, 이제 그러한 길로 들어가기 시작했다는 것은 분명합니다. 그런데 4차 산업혁명을 인공지능과 사물인터넷 등 기술 혁신 중심으로 접근해서는 안 됩니다. 가장 쉬운 내 손안에 있는 스마트폰을 통하여 모든 것을 제어하고 연동하는 것부터 금융, 경제, 사회 전반에 걸쳐 전 영역에서 스마트폰의 혁신이 함께 뒷받침되어야 합니다. 그러나 이는 전 국민 중 성인 90% 이상이 사용하는 스마트폰의 사용문화를 완전히 바꾸어야 하는 과제입니다. 그 과제를 해결하는 것은 개개인의 노력 여하에 따라 4차 산업의 혁명을 실천하고 직접 체험하는 것이 최상의 길입니다.

본서는 스마트폰의 4차 산업혁명을 다룬 책입니다. 전 세계가 4차 산업혁명 준비에 여념이 없으며, 4차 산업혁명은 '지능'과 '연결'을 키워드로 일어나는 새로운 산업혁명입니다. 모든 것들이 연결되는 사물인터넷 시대가 되고 빅데이터가 산출됩니다. 이것을 처리하고 활용하는 인공지능이 발전하며 현실 세계는 가상현실과 새롭게 연결됩니다.

내 손안의 4차 산업혁명

아침 일찍 눈뜨면서 밤늦게 잠들기 전까지 스마트폰은 우리의 일상생활 중 중요한 하나의 생활요소입니다. 그중에 가장 많이 사용되고 있는 것이 스마트폰 문자와 카카오톡 메시지, 각종 밴드, 페이스북, 트위터 등일 것입니다. 누구나 하루 한 번에서 수십, 수백 번은 다 경험해본 일입니다.

저자의 경우 문자를 너무 많이 사용하면서 발생되는 부작용을 지금도 많이 경험하고 있습니다. 스마트폰 액정 키보드를 수십, 수백 차례 누를 때마다 스마트폰 키보드를 누르면 발생하는 압전 효과, 즉 키보드를 눌렀을 때 발생하는 미량의 전류의 발생으로 손가락 끝 마디마다 아프지 않은 곳이 없었습니다. 최근 볼펜 타입으로 볼펜 끝이나 볼펜의 입구에 키보드와 호환이 되는 고무가 부착된 것이 있는데, 저자는 이것이 없으면 문자를 보낼 수 없을 만큼 손가락 끝에 심한 통증을 느끼고 있었습니다. 뿐만 아니라 특히 현대인들은 스마트폰에서 발생하는 전자파로 인하여 여러 가지 부작용 속에 살아가고 있습니다.

압전 효과에서 발생하는 미량의 전류와 통신에서 발생하는 미량의 전류와 전파는 사람의 인체에 좋지 않은 영향을 주는 것으로 보고되고 있습니다. 그렇다 해도 우리는 4차 산업혁명의 시대에 단 하루라도 스마트폰을 사용하지 않을 수 없습니다. 그렇다면 이제 스마트폰을 지금보다 더 스마트하게 사용하는 방법을 알아야 합니다.

스마트폰의 유용한 기능들을 젊은 대학생들조차도 그 기능의 20%도 채 사용하지 못하는 것이 현실입니다. 그러나 지금부터 본서를 활용하여 최대한 스마트한 생활을 하고 스마트하게 스마트폰을 활용해봅시다.

본서에서 가장 강조하는 내용은 100만 원짜리 스마트폰을 100만 원어치 이상 활용하는 것입니다. 100만 원의 고가의 스마트폰을 10만 원어치 활용할 것인지, 100만 원어치 이상 활용할 것인지는 여러분들의 선택에 따라 본서가 안내할 것입니다.

본서에서는 우리 실생활에서 가장 많이, 그리고 가장 유용하게 사용되는 몇 가지 APP들을 중점적으로 다루었습니다.

첫 번째, 말로 하는 문자 보내기와 말로 카카오톡 보내기.

두 번째, 내가 읽지 않아도 내가 읽고 싶은 글을 대신 읽어주는 토크프리 활용법.

세 번째, 국제화 시대를 대비한 실시간 다국어 통역, 번역 지원 서비스 파파고 활용하기.

아직도 돋보기를 끼고 스마트폰을 보십니까?

아직도 교통카드를 가지고 다니십니까?

아직도 지갑 속에 현금을 넣고 다니십니까?

아직도 스마트폰의 작은 화면으로 영화를 보십니까?

아직도 114에 돈을 지불하고 전화번호를 물어보십니까?

아직도 어려운 영어와 일본어, 중국어 번역을 전문가에게 맡기십니까?

아직도 영문 서류작성을 타인에게 부탁하십니까?

아직도 외국어 때문에 고생하십니까?

아직도 노래 가사는 알지만 제목을 몰라 헤매고 있습니까?

길거리에서 본 이름 모를 아름다운 꽃의 이름을 알고 싶으십니까?

스마트폰을 컴퓨터에 연결했는데 인식이 되지 않습니까?

이제 모든 것을 말로 하십시오.

E-Mail도 이제는 말로 작성하세요.

이것뿐만이 아닙니다. 내 손안에서 일어나는 4차 산업혁명은 무한한 것입니다. 끊임없이 매일 홍수처럼 밀려나오는 정보와 지식들을 걱정할 필요 없습니다. 본서에서 제시하는 내용들은 우리 실생활에 꼭 필요한 것들만 간추려 불필요한 것은 과감하게 제거하고 알집 같은 내용들만을 담아 누구나 쉽게 따라 할 수 있도록 설명과 그림을 동시에 넣어두었습니다.

끝으로 이 책을 선택하시는 여러분은 이제 4차 산업혁명을 실감하게 되는 그 첫 발을 내딛는 것입니다.

감사합니다.

저자일동

김종양(전 경남·경기 지방경찰청장. 현 인터폴 총재)

신문·잡지·인터넷기사 대신 읽어주는 토크프리, 나의 모든 것을 기록하고 저장해주는 에버노트, 내가 하는 모든 말을 텍스트(글)로 바꿔주는 스피치노트, 글로벌 시대 통역·번역을 대신해주는 통역·번역 파트너 파파고.

내사 마 이런 책은 첨 보는데 너무 간단하고 너무 쉬운 것을 그동안 몰랐네. 참으로 아쉽데이, 이렇게 좋은 정보. 여러분, 우짜든지 함 읽어 보고 잘 활용해보이소, 참 좋을낍니더! 세 분 저자 모두 건승! (굳럭!)

나한일(영화배우)

스마트폰 하나로 지구를 평정하다!

딱 맞는 검이 목표물을 향할 때 멈춤이 없듯이 거침없이 나가는 스마트한 책입니다. 소통은 하나, 보이지 않는 세계를 가르는 극치의 검법 같은 책입니다. 검이 지나간 자리에 흔적이 남듯 스마트폰의 백 배 활용은 일상의 편리함을 가져다줄 뿐만 아니라 유익한 정보를 낳아 빽빽하게 쌓이겠네요.

아름다운 흔적, 아름다운 손길이 되어 주길 바랍니다. 보이지 않는 아름다움에 진정한 가치가 있지 않을까요.

10

박원순(서울시장)

스마트한 지구촌을 열어주는 책이 내 손에 들어오다니.

스승과 제자가 함께 작은 스마트폰이 4차 산업혁명의 핵심도구로 변화하는 마술을 보여주는 책.

4차 산업혁명 시대를 살아갈 우리 모두에게 넓은 고속도로를 열어주는 세 분의 저자에게 무한한 감사의 마음을 전합니다. 특히 이번에 개정된 『뉴 스마트폰 100배 활용하기 개정판』은 4차 산업혁명 혁신의 생태계를 마련하는 데에 일조할 수 있는 책으로 남녀노소 모두에게 일독과 활용을 권합니다.

박윤규(박윤규클리닉 원장)

도구의 사용이 인류의 발전을 이끌어 왔듯이 도구의 사용은 개인의 능력과도 일치한다. 또한 인간이 인간답게 산다는 것은 결국은 문명의 도구를 얼마나 잘 이용할 수 있느냐의 문제로 직결되는데 가장 최근에 개발된 손 안의 도구인 핸드폰의 사용에 대한 전반적인 사용법을 소개한 이 책은 스승과 제자들이 함께 심혈을 기울여서 만든 책으로 현대인의 필독서가 아닐 수 없다.

박정숙(시골 귀농 여자농부)

농사도 스마트폰으로 스마트하게!

시골 농부의 눈이 번쩍 뜨였습니다. 청년 농부들의 빠른 농사 정보와 날씨 검색을 보며 참말로 부러웠고, 알 수가 없어 답답했던 걸 이제는 터치 한 번으로 ICT 스마트팜을 통해 척척 해냅니다. 영농에도 큰 변화가 올 것 같은 예감입니다. 편리한 생활에 이제는 취미생활도 할 수 있는 여유로움이 생겨 도시농부 부럽지 않을 것 같습니다.

신현동(국제변호사)

스마트폰이 법정에서 변호사로 둔갑할 수 있게 하는 책! 우째 이런 일이? 친구야 야속하데이! 그러나 미래 4차 산업혁명 시대를 위해 양보하기로 했다. 그래도 최종 변론은 내가 한데이… 스마트폰 변호도 같이 해볼까?

친구야~ 자주 못 보는 친구끼리 스마트하게 책으로 어울려 아름답고 건전한 사회를 만들어 보꾸마~~~ 여러분『뉴 스마트폰 100배 활용하기 개정판』좋은 책입미데이…. 한번 따라 해보이소. 말이 필요 없습미더.

유관섭 (부산국제영화제 월드무비 감독)

스마트폰으로 세상을 다시 바라볼 수 있게 하는 마력의 책입니다. 공상과학영화보다 더 흥미롭고, 유익합니다. 스마트폰으로 찍는 영화도 있어 한번쯤 시도를 해볼까 했는데 마침 이런 책을 알게 되어 큰 도움이 됩니다. 늘 곁에 있어 다 안다고 생각하지만 속속들이 모르는 가족과 같은, 바로 그런 글로벌 스마트폰 사용 설명서입니다.

『뉴 스마트폰 100배 활용하기 개정판』의 출간은 우리 모두의 행운입니다.

전하성 (경남대학교 부총장)

내가 애지중지하는 알라딘의 요술램프가 스마트폰이다. 없으면 당장 일을 할 수가 없으니 소중하게 간직하지 않을 수가 없다. 전화번호를 포함해서 사진과 메모, 자료 등 엄청난 내용물이 저장되어 있어 없으면 아무것도 할 수 없으니 이런 답답한 일이 어디 있겠는가.

보면 볼수록 놀라운 이 발명품을 우리가 10%나 알고 사용할까? 날로 늘어나는 앱을 보면 못 할 일이 없을 것이라는 생각이다. 이들 중 일부만 잘 활용해도 업무의 생산성이나 생활의 질은 엄청 높아질 것이다.

5G 스마트폰이 나온다고 들었다. 빅스비 같은 인공지능이 제대로 거들어 준다면 정말로 알라딘의 요술램프 아니겠는가?

새롭게 개정된 『뉴 스마트폰 100배 활용하기 개정판』으로 국민들의 생활이 더욱 편리하고 즐거울 것을 믿어 의심치 않는다.

정창곤(C&K Trading 회장)

스마트폰으로 인해 하루하루 새로운 정보를 접하는 시대! 스마트폰은 우리 생활에서 없어서는 안 될 중요한 필수품이 되었습니다.

이런 스마트폰을 어떻게 하면 더욱 가치 있게 사용할 수 있는지 알게 해주는 좋은 책!!! 미처 알지 못했던, 다양한 내용을 알게 됨으로써 일상의 색다른 행복을 누리게 되었습니다.

단순한 전화의 기능이 아닌, 4차 혁명으로 연결되는 인공지능을 이용할 수 있도록 가이드 해 준 이 책에 노고를 다하신 저자님과 출판사분들께 감사드리고 싶습니다. 참 고마운 책입니다.

조재득(KPGA 프로골퍼, 전 운영이사)

프로골프보다 더 정교한 책….

이제 골프장에서도 스마트폰은 하나의 도구로서 그 역할은 너무나 놀랍고 그 기능은 우리의 상상을 초월하게 됩니다.

스마트폰의 다양한 앱을 통하여 전 세계 어느 곳을 가더라도 막힘이 없게 해주며 대도무문과 같이 시원하게 날아가는 드라이버 샷과 같은 스마트폰 활용 교재. 우리 모두 필독과 활용으로 시대에 동참하는 계기가 되시기를 바랍니다.

최재호(무학그룹 회장)

'좋은데이' 같은 책, 즐겁고 쉽게 스마트폰을 다양하게 활용할 수 있다! 좋은 술은 숙취해소제가 필요 없듯 스마트한 책이라 일독과 활용을 강력 추천합니다. 술술 넘어가는 페이지마다 알찬 정보로 목에 걸림 없이 소화가 되도록 한 상이 차려졌습니다. 까다로운 입맛도 모두 잘 맞추는 최고의 셰프 군단 같은 스승과 제자 세 분의 정보의 식탁에 빈 잔 올려 채우겠습니다.

최원식(부산대학교 생명자원과학대학 BIO산업기계공학과 학과장)

세계는 지금 제4차 산업혁명으로 하루가 다르게 변화하고 있습니다. 매일 물밀듯이 홍수처럼 쏟아져 나오는 정보를 우리는 어떻게 감당해야 될지 고민하며 하루하루를 보내곤 합니다. 이러한 시대에 우리 부산대학교 생명자원과학대학 BIMMS. LAB에서 세계를 하나로 묶어주는 『뉴 스마트폰 100배 활용하기 개정판』이라는 책을 출간한 것은 너무나 시의 적절한 것 같습니다.

빅데이터, AI, 사물인터넷, RT, 클라우드 등으로 구성된 4차 산업혁명 시대에 공존하는 스마트폰의 역할은 우리의 삶을 한층 더 편리하게 만듭니다. 전 국민이 애용하는 가장 가까운 친구가 되어버린 스마트폰. 이 책 『뉴 스마트폰 100배 활용하기 개정판』이 여러분의 관심과 필독으로 시대에 동참하는 계기가 되시기를 바랍니다.

CHAPTER

01 | 기본 프로그램 활용

CHAPTER

02 | 스마트폰 100배 활용을 위한 준비

CHAPTER

01

기본
프로그램 활용

 Google 애플리케이션(통신 3사 공용)

SK Telecom 애플리케이션

kt KT 애플리케이션

U⁺ LG U⁺ 애플리케이션

Google 애플리케이션
(통신 3사 공용)

Google은 엔터테인먼트, 소셜 네트워크, 비즈니스 등과 관련된 다양한 앱을 제공합니다. 일부 Google 앱 이용 시 Google 계정이 필요합니다.[1] 제4차 산업혁명으로 가는 첫 번째가 수많은 앱 기능의 활용입니다.

아이콘	앱 이름	설명[2]
	Chrome	원하는 정보를 검색하고 웹 페이지를 탐색할 수 있습니다.
	G메일	Google에서 제공하는 이메일 서비스로 제품에서 이메일을 보내거나 받을 수 있습니다.
	지도	GPS를 기반으로 내 위치를 확인하거나 전 세계 지도를 탐색하고 지역 정보를 확인할 수도 있습니다.
	Play 뮤직	제품에 저장된 음악을 확인해 재생 및 공유하고, 클라우드에 업로드해 실행할 수 있습니다.
	Play 무비	Play 스토어에서 영화, TV 프로그램 등의 동영상 콘텐츠를 구매 및 대여하여 감상할 수 있습니다.
	YouTube	다른 사용자들과 동영상을 공유하는 YouTube에 접속해 다양한 동영상을 즐길 수 있습니다.
	포토	모든 사진과 동영상을 한 곳에서 정리하고 검색할 수 있으며, 다양한 기능을 이용해 편집할 수 있습니다.

---

1 SM-G95X_UM_Nougat_Kor_Rev.1.4_170821 삼성 매뉴얼
2 SM-G95X_UM_Nougat_Kor_Rev.1.4_170821 삼성 매뉴얼

아이콘	앱 이름	설명
G	Google	필요한 항목을 웹 페이지나 제품에서 빠르게 검색할 수 있습니다.
	Duo	간편하게 화상 통화를 이용할 수 있습니다.
	드라이브	클라우드 스토리지에 내 파일을 보관하여 어디서나 접근하고 다른 사용자들과 공유할 수 있습니다.
	행아웃	친구와 메시지, 사진, 그림 이모티콘을 주고 받을 수 있고 화상 통화를 할 수도 있습니다.
	문서	Google 문서 앱을 사용하여 문서를 작성하거나 수정하고 다른 사용자와 공동으로 작업을 할 수 있습니다.
	스프레드시트	Google 스프레드시트 앱을 사용하여 스프레드시트를 만들거나 수정할 수 있습니다.
	프레젠테이션	프레젠테이션 앱을 사용하여 프레젠테이션을 만들거나 수정할 수 있습니다.
	구글 플레이	수백만 개의 최신 Android 앱, 게임, 음악, 영화, TV 프로그램, 도서, 잡지를 이용할 수 있습니다.

SK Telecom 애플리케이션

아이콘	앱 이름	설명[3]
	T연락처	기기 변경 시 T연락처에 백업한 연락처를 가져올 수 있습니다.
	ONE store	통신사 관계 없이 ONE store에서 게임, 앱, 최신 TV 방송과 영화, 음악 등 다양한 디지털 콘텐츠를 이용할 수 있습니다.
	T map	제품에 내장된 GPS를 기반으로 빠른 길 안내 서비스를 이용할 수 있습니다.
	T스마트 청구서	각종 청구서를 스마트폰으로 편리하게 확인하고 이용할 수 있으며, 모바일로 납부도 할 수 있습니다.
	클라우드베리	제품에 저장된 사진, 음악, 동영상, 문서 및 연락처, 메시지 등을 클라우드베리에 저장하여 이용할 수 있습니다.
	T guard	T백신을 이용해 제품을 안전하게 사용할 수 있습니다. 분실폰 찾기 기능을 이용해 내 제품의 위치를 확인하고 다른 사람이 제품을 사용할 수 없도록 할 수 있습니다.
	T데이터쿠폰	SK Telecom 전용 서비스로 전화 및 데이터 서비스를 사용할 수 있는 T쿠폰과 T데이터 쿠폰을 구매할 수 있습니다.
	T라이프	T만의 다양한 할인 쿠폰을 받을 수 있습니다.

---

3 SM-G95X_UM_Nougat_Kor_Rev.1.4_170821 삼성 매뉴얼

아이콘	앱 이름	설명
	oksusu	SK Telecom에서 제공하는 TV 프로그램, 영화 등의 다양한 VOD 콘텐츠를 제품에서 감상할 수 있습니다.
	네이트	네이트에서 제공하는 서비스를 실행할 수 있습니다.
	모바일 T world	모바일에서도 T world에 접속해 요금조회/납부 및 부가 서비스 신청/변경 등을 쉽고 편리하게 할 수 있습니다.
	Syrup 기프트콘	다른 사람에게 실물 상품으로 교환할 수 있는 바코드 형태의 기프티콘을 보낼 수 있습니다.
	Syrup 월렛	멤버십 카드를 제품에 등록하여 포인트를 적립하거나 모바일 쿠폰을 내려받아 사용할 수 있습니다. 신용카드, 계좌번호 등을 등록하여 바코드로 결제를 할 수도 있습니다.
	11번가	11번가에서 제공하는 보기 쉽고 쓰기 편한 모바일 쇼핑 서비스로, 원하는 상품을 쉽고 빠르게 검색할 수 있습니다.
	11번가 쇼킹딜	오픈마켓 11번가의 큐레이션 커머스로, 전문 MD 그룹이 선별한 다양한 상품들을 선보입니다.
	T pay	신용카드나 계좌번호 등록 없이 바코드를 이용해 소액결제를 할 수 있습니다. 결제 시 T 멤버십 할인 혜택도 받을 수 있습니다.
	Melon	멜론에서 제공하는 각종 음악 서비스를 이용할 수 있으며 장르별로 음악을 검색하거나 최신 인기 차트 등을 확인할 수 있습니다.
	T전화	발신자 정보로 악성 번호 및 모르는 번호를 확인하거나, T114 검색으로 원하는 장소의 전화번호를 찾을 수 있습니다. 로그인 없이도 데이터 사용량 등의 정보를 확인할 수도 있습니다.
	T 멤버십	T 멤버십 할인 한도를 활용하여 다양한 제휴사에서 할인 혜택을 받거나, 온라인 쇼핑몰인 초콜릿에서 멤버십 할인 혜택을 누릴 수 있습니다.
	OK Cashbag	내 주변의 OK Cashbag 가맹점을 확인하거나, OK Cashbag에서 제공하는 쿠폰 등의 혜택을 받을 수 있습니다. OK Cashbag 가맹점에서 결제하거나, 상품 영수증의 바코드를 스캔하여 포인트를 적립할 수도 있습니다.
	T 인증	본인 확인이 필요한 서비스 이용 시 비밀번호만으로 간편하고 안전한 본인 인증을 할 수 있는 SKT 간편 본인확인 서비스입니다.

KT 애플리케이션

아이콘	앱 이름	설명[4]
	KT 멤버십	KT에서 제공하는 유용한 멤버십 혜택을 확인하고 이용할 수 있습니다.
	스마트 명세서	가족 구성원별, 상품별로 각각 받아 보던 명세서를 본인 인증 후에 간편하게 모바일로 확인할 수 있습니다.
	KT 패밀리박스	올레 결합 상품에 가입한 가족들의 데이터와 멤버십 포인트를 패밀리박스에 담아 두었다가 필요한 사람이 꺼내서 사용할 수 있습니다.
	후후	발신자 정보로 스팸 및 악성 번호를 식별하거나, 전화번호를 검색해 원하는 장소의 전화번호를 확인할 수 있습니다.
	알약	백신을 이용해 제품을 안전하게 사용할 수 있습니다. 스미싱, 스팸 문자를 차단할 수도 있습니다.
	스마트벨링	다양한 종류의 벨소리 및 통화 연결음을 확인하고 설정해 사용할 수 있습니다.
	CLiP	멤버십 카드, 신용카드를 제품에 등록하면 내 주변 가맹점에서 사용할 수 있는 적립 및 카드 할인 혜택 등을 알려줍니다. 등록한 멤버십 카드로 포인트를 적립할 수도 있습니다.

---

4 SM-G95X_UM_Nougat_Kor_Rev.1.4_170821 삼성 매뉴얼

아이콘	앱 이름	설명
	KT 액세서리샵	케이스, 음향 기기, 거치대 등 다양한 종류의 액세서리 상품을 확인하고 구매할 수 있습니다.
	케이뱅크	앱 하나로 은행 계좌 개설, 금융 상품 가입, 대출 등 다양한 금융 서비스를 이용할 수 있습니다
	ONE store	통신사 관계 없이 ONE store에서 게임, 앱, 최신 TV 방송과 영화, 음악 등 다양한 디지털 콘텐츠를 이용할 수 있습니다.
	원내비	제품에 내장된 GPS를 기반으로 빠른 길 안내 서비스를 이용할 수 있습니다.
	고객센터	올레 고객센터에 접속해 요금 조회, 사용량 조회 등 다양한 서비스를 이용할 수 있습니다.
	올레 tv 모바일	olleh TV로 시청하던 다양한 채널과 VOD를 모바일에서도 감상할 수 있습니다.
	지니 뮤직	KT에서 제공하는 음악, 뮤직 비디오를 지니만의 다양한 서비스로 즐길 수 있습니다.
	케이툰 (완전판)	KT에서 제공하는 웹툰, 소설, 만화를 제품에서 감상할 수 있습니다.
	미디어팩	비디오, 음악, 웹툰, 링투유 서비스 등 다양한 미디어 콘텐츠를 한 번에 즐길 수 있습니다.
	K쇼핑	KT 홈쇼핑에서 방송 중인 상품 및 K쇼핑의 다양한 테마별 상품을 모바일로 편리하게 구매할 수 있습니다.

LG U⁺ 애플리케이션

아이콘	앱 이름	설명[5]
	U⁺ 고객센터	상담사 연결 없이 요금 조회, 서비스 신청 및 변경 등을 쉽고 빠르게 진행할 수 있습니다.
	U⁺ Box	제품에 저장된 사진, 동영상, 음악, 문서 파일을 U⁺ 클라우드 서버에 안전하게 저장하여 편리하게 이용할 수 있습니다.
	Paynow	신용카드, 은행 계좌, 스마트폰 결제 정보를 제품에 등록한 후 간편하게 모바일 결제를 할 수 있습니다.
	스마트 월렛	멤버십 카드로 포인트를 적립하거나, 모바일 쿠폰 및 이벤트 등의 혜택을 누릴 수 있습니다. 신용카드 등을 등록하여 NFC 기능을 통해 결제를 할 수도 있습니다.
	IoT@home	가스 밸브, 도어락, 전등 스위치 및 스마트 가전 등 집에 있는 여러 장치들을 IoT 허브에 연결한 후 제품으로 제어할 수 있습니다.
	U⁺ Page	U⁺Page 웹 사이트에서 제공하는 다양한 서비스를 제품에서 간편하게 실행할 수 있습니다.
	통화도우미	통화에 관련된 다양한 서비스 가입 및 해지를 제품에서 간편하게 설정할 수 있습니다.

---

5 SM-G95X_UM_Nougat_Kor_Rev.1.4_170821 삼성 매뉴얼

아이콘	앱 이름	설명
	알약	백신을 이용해 제품을 안전하게 사용할 수 있습니다. 스미싱, 스팸 문자를 차단할 수도 있습니다.
	U+인증	개인정보 입력 없이 비밀번호만으로 안전하고 간편하게 본인 확인 인증을 할 수 있습니다. 최근 인증 내역을 확인하거나 조회할 수도 있습니다.
	원내비	제품에 내장된 GPS를 이용한 앱으로, 실시간 교통 정보 및 길 안내 서비스를 받을 수 있습니다.
	U⁺tv 직캠	제품으로 촬영한 영상을 tv G(IPTV)에 전송하여 집에서 실시간으로 감상할 수 있습니다.
	뮤직벨링	제품에서 사용할 수 있는 벨소리를 내려받거나, 내게 전화를 거는 상대방에게 들리는 통화 연결음을 설정하는 필링 서비스를 이용할 수 있습니다.
	지니 뮤직	음악, 뮤직 비디오를 지니만의 다양한 서비스로 즐길 수 있습니다.
	ONE store	통신사 관계 없이 ONE store에서 게임, 앱, 최신 TV 방송과 영화, 음악 등 다양한 디지털 콘텐츠를 이용할 수 있습니다.
	비디오포털	TV, 스포츠, 영화, 미드 등 다양한 VOD를 감상하거나, 나 중심의 맞춤 VOD를 쉽고 편리하게 찾아 볼 수 있습니다.

📖 현대 사회와 스마트폰 혁명

혁명이란 급진적이고 근본적인 변화를 의미합니다. 역사 속에서 신기술과 새로운 세계관이 경제체제와 구조를 완전히 변화시킬 때 발생하는 것입니다. 역사적으로 이러한 갑작스러운 변화는 수년에 걸쳐 전개되었지만[6] 지금은 전 세계 데이터의 90%가 지난 2년 동안 만들어진 것으로 추산되고 기업이 생산한 정보량은 매 14.4개월마다 두 배씩 늘고 있습니다.[7] 이러한 시대에 우리는 수많은 스마트폰 앱 활용을 통하여 제4차 산업혁명이 우리에게 어떠한 영향을 미치는가를 알 수 있을 것입니다.

지금까지 스마트폰 활용을 위한 가장 기본적이고 기초적인 내용을 알아보았습니다. 앞서 말한 바와 같이 이미 2012년에 구글인사이드 서치팀에서는 우리들 주머니 속의 이 슈퍼컴퓨터를 일컬어 "구글 서치에서 한 가지 내용을 검색할 때 사용되는 처리 능력은 아폴로 우주선 발사 외에도 십수 년간 아폴로 프로그램을 위해 사용된 컴퓨팅 능력을 합친 것과 맞먹는 규모."[8] 라고 한 바 있습니다.

이와 같은 스마트폰의 발달은 우리의 생활에 빠른 속도로 많은 변화를 가져 오게 됩니다. 따라서 우리는 스마트폰을 가장 스마트하게 사용할 때 시대에 뒤처지지 않는 현대인이 될 것임을 누구나 잘 알고 있을 것입니다.

다음 페이지에서 전개되는 각종 유용한 앱을 나에게 맞게 잘 정립하여 잘 사용한다면 이제 스마트폰 사용 전문가가 될 수 있을 것입니다.

---

6 클라우드 슈밥, 『제4차 산업혁명』, P.24

7 Elana Rot, "How Much Data Will You Have in 3 Years?" Sisense, 29 July 2015.
www.sisense.com/blog/much-data will 3-years/

8 Udi Manber and Peter Norvig, "The power of the Apollo missions in a single google search"
Google Inside Search, 28 August com 2012
http://insidesearch blogspot, 2012/08/the-power-of-apollo-missions-in-single, html

스마트폰 100배
활용을 위한 준비

01 생활에 필요한 주요 APP(앱) 모음[1]

🔲 앱(소프트웨어) 중심의 세상

컴퓨터나 정보기기에 일을 시키기 위해선 명령어라는 프로그램이 필요합니다. 기기를 작동시키기 위해서 운영체제라는 operating system을 만들었으며, 데이터를 처리하기 위해서는 응용 프로그램application program이 필요합니다. 이 프로그램은 배우기가 쉽지 않아 프로그래머라는 전문가가 필요합니다. 그러다가 점점 쓰기 쉬운 그림 중심의 프로그램GUI이 등장하게 되었고, 만들어 놓은 프로그램에 필요한 명령문이나 그림만 골라 쓰는 4세대 언어로 발전하게 되었습니다. 예를 들면 엑셀 같은 프로그램에 의해 복잡한 통계처리가 얼마나 쉬워졌는가를 보면 알 수 있을 것입니다.

이보다 더 편리한 방법이 없을까? 프로그램을 만들어 주는 프로그램이 나오고 원시코드를 공유하는 등 프로그램을 만들기가 쉬워지고 프로그램을 만들어 팔아 수입까지 챙길 수 있게 되자, 사람들은 다양한 응용 프로그램(줄여서 App)을 만들어냈습니다. 그리고 이를 거래하는 곳이 앱 스토어, 플레이 스토어 등이고 프로그램과 데이터의 저장장소를 제공하는 애플과 구글

---

1 블로거팁닷컴-생활에 도움을 주는 유용한 스마트폰 앱 100(http://bloggertip.com/4323)

등이 장소(공간) 사용료를 챙기고 있는 것입니다. 이러한 공간을 데이터 센터라 하고 이를 이용하는 것을 호스팅 서비스라고 합니다.

여러분의 스마트폰에는 안드로이드 또는 애플 OS라는 운영체제와 여러 가지 앱이 설치되어 있습니다. 원하는 것을 추가로 설치해서 쓰면 편리하며, 많은 앱을 골라 필요한 일에 쓰면 시간과 비용을 절약하고 생활의 질을 높이게 될 것입니다. 그래서 지금의 시대를 앱 중심의 시대라고 하며, 앞으로 인공지능이 나서서 상당히 많은 일을 거들어 줄 것입니다. 음성이나 이미지, 동작을 인식해서 알라딘의 램프처럼 여러분을 도울 것입니다. 이 모두가 앱(소프트웨어) 중심의 세상인 것입니다.

📱 번역기 앱

아이콘	앱 이름	설명
	네이버 파파고	여행, 출장, 어학 또는 번역이 필요한 모든 순간에 10개 국어 번역이 가능한 똑똑한 앵무새, 파파고로 해결할 수 있습니다.
	구글 번역	영어 및 103개국 언어를 번역할 수 있습니다.
	지니톡	2018 평창 동계올림픽 공식 자동 통번역 소프트웨어로 채택되어 공식적인 통역기로 사용되었으며, 29가지 언어를 지원합니다.
	듀오링고	영어, 스페인어, 독일어, 프랑스어, 이탈리아어, 포르투칼어를 배울 수 있는 무료 어학 학습 앱입니다.

📱 교통 & 차량관리 앱

아이콘	앱 이름	설명
	지하철 종결자	편리하고 정확한 지하철 정보를 제공받을 수 있는 앱입니다.
	카카오버스	기존의 서울, 경기, 인천을 포함하여 전국 57개 도시의 버스정보 확인이 가능한 실시간 버스 정보를 주는 앱입니다.
	카카오택시	무료로 간편하게 택시를 호출할 수 있는 앱으로, 출발지/도착지를 선택하고 호출하기 버튼을 누르면 택시를 호출할 수 있습니다.
KTX	코레일 톡+	기차역 매표소나 컴퓨터를 이용하지 않고 기차역으로 이동하면서 스마트폰으로 바로 승차권을 살 수 있는 앱입니다.
M	마카롱	차량관리 앱으로 차계부, 주유 문자 자동 입력, 차종별 리콜/무상점검 알림, 매월 정비 알림 등의 관리를 할 수 있습니다.
	카카오내비	무료 자동차 내비, 실제 운행 데이터 기반 빠른 길 안내, 과거 김기사를 카카오가 인수하여 만든 앱입니다.
iTS 국가교통정보센터	국가교통 정보센터	고속도로, 국도의 정체 여부, 눈 · 비 도로 상황을 확인할 수 있습니다.

📱 여행 도우미 앱

아이콘	앱 이름	설명
	스카이 스캐너	수백만 개의 항공권 가격을 국내외 항공사와 여행사로부터 비교하여 가장 저렴한 항공권을 쉽고 빠르게 찾을 수 있으며, 호텔 렌터카 또한 비교해서 찾을 수 있는 앱입니다.
	구글 지도	지도 앱으로 전 세계를 더 쉽고 빠르게 탐색할 수 있습니다
	네이버 지도	간단한 약도부터 지하철 노선이나 자전거 도로 위치 표시 등 다양한 정보를 지도 위에 표현하고 찾을 수 있는 앱입니다.
	Airbnb (에어비앤비)	여행에 필요한 모든 것을 예약하거나, 호스트가 되어 수입을 올릴 수 있고 후기 및 사진을 볼 수 있습니다.
	해외안전 여행	해외여행 시 위험에 처했을 때 도우미 역할을 하고 사고의 사전예방 길라잡이를 수행합니다.
	TripAdvisor	여행자 리뷰와 의견을 토대로 항공편, 호텔, 주변 관광명소, 맛집을 검색하고 찾을 수 있습니다.
	구글 트립	여행 일정을 계획할 수 있고, 주변 정보를 기준으로 예약부터 관광까지 즐길 수 있습니다.
	City Maps 2Go	오프라인 지도로 요금 걱정이 없으며, 유명 장소와 다양한 팁을 확인할 수 있습니다.
	대한민국 구석 구석	국내여행, 관광지, 음식, 숙박, 축제 등의 정보를 알 수 있습니다.
	데일리 호텔	전국 호텔과 레스토랑, 펜션을 할인가로 찾아 볼 수 있습니다.
	여기어때	국내 5만 개 숙소의 객실 사진, 요일별 요금, 편의시설 정보를 리뷰를 통해 확인하고 찾을 수 있습니다.
	국토교통부	스마트 국토정보(https://m.nsdis.go.kr)에서 제공하고 있는 주요 서비스를 안드로이드폰에서도 손쉽고 편리하게 이용할 수 있습니다.

🏃 운동 앱

아이콘	앱 이름	설명
	삼성 헬스	삼성 스마트폰에 내장되어 있는 센서를 이용하면 심박수, 산소포화도 등을 직접 측정하여 건강 상태를 확인할 수 있는 앱입니다.
	매듭 앱 3D (Knots 3D)	매듭에 대해 포괄적인 새로운 관점을 제시하며 상황별 매듭 매는 법을 알려 줍니다.
	Nike+Run Club	러닝에 필요한 모든 것을 제공합니다.
	운동코치 짐데이	30일 동안 매일 변화하는 맞춤형 운동 프로그램으로 400개의 운동법을 동영상/사진으로 제공하며, 식단부터 신체변화 자동기록까지 활용할 수 있습니다.
	런데이	풀 보이스 트레이닝으로 달리는 지루함을 덜어 체력관리 다이어트에 도움이 됩니다.
	Moves	자동으로 일상을 기록하고 운동량을 측정합니다.
	Runkeeper	운동 페이스, 거리, 시간 등 운동이력의 세부 내역을 참조하여 자신만의 운동타입을 확인할 수 있습니다.
	Runtastic Road Bike GPS	가볍게 라이딩을 즐기거나 트레이닝 등 모든 유형의 사이클링 활동에 도움이 됩니다.

📱 음식 앱

아이콘	앱 이름	설명
이밥차	이밥차	요리 레시피 앱으로 사진과 글로 쉽게 원하는 음식을 따라 만들 수 있습니다.
	배달의 민족	주변 음식점 검색 및 배달에서 결제까지 진행할 수 있는 앱입니다.
	Cookpad	양식요리 데이터 베이스로 레시피를 제공합니다. (한글 미지원)
	눔 코치	올바르고 건강한 방법을 통해 다이어트부터 만성질환 예방까지 도와주는 필수 건강관리 앱입니다.
KS.	키친 스토리	다양한 메뉴의 레시피를 동영상과 함께 제공합니다.
	Vivino Wine Scanner	와인을 간단하고 쉽게 구매할 수 있으며 와인 등급, 리뷰, 평균 가격등을 참조할 수 있는 앱입니다.

메모 앱

아이콘	앱 이름	설명
	에버노트	모든 기록을 저장하고 작업을 하는 데 유용한 최고의 메모 앱입니다.
	스피치 노트	텍스트를 번거롭게 입력할 필요 없이 음성 인식을 통해 간단하게 입력할 수 있는 앱입니다.
	토크 프리	텍스트 파일만 있으면 오디오북처럼 활용할 수 있고, 긴 뉴스도 눈을 혹사하지 않고 청취할 수 있는 앱입니다.
	Microsoft Word	문서를 만들거나 보고 간단히 편집해야 할 때 Word 앱을 유용하게 활용할 수 있습니다.
	Microsoft Excel	데이터 정렬 및 분석, 그리고 효과적인 스프레드시트를 만들거나 보고 간단히 편집해야 할 때 Excel 앱을 활용할 수 있습니다.
	Microsoft PowerPoint	프레젠테이션을 새로 만들거나 보고 간단히 편집할 수 있습니다.
	Wunderlist	자신의 아이디어, 할 일 등을 캡쳐하도록 도와주며 다이어리처럼 일정 관리에 유용한 앱입니다.
	어썸노트	노트와 일정관리가 하나로 통합된 다이어리입니다. (ios[2] 전용 앱)
씀	씀	글쓰기에 좋은 영감을 주는 글감을 제공하며 떠오르는 생각을 글로 남길 수 있습니다.
	위플 가계부	심플한 가계부 앱으로 누구든지 쉽게 작성할 수 있습니다. (ios 전용 앱)
NOTE	컬러노트 메모장	간단한 메모와 일정 관리를 쉽게 도와주는 앱입니다. 일정관리를 위한 알람과 달력을 제공하고 있고 백업 기능을 지원하고 있습니다.

---

2 애플이 개발 및 제공하는 운영체제로, 아이폰, 아이팟터치, 아이패드 등에 탑재되어 있다.
(http://terms.naver.com/entry.nhn?docId=3340565&cid=40942&categoryId=32839) 네이버 지식백과

📱 포토 앱

아이콘	앱 이름	설명
	스노우 (snow)	셀카를 찍고 무료 보정할 수 있으며 다양한 스티커로 사진을 꾸미고 활용할 수 있습니다.
	vsco	모바일 프리셋과 영화와 같은 프리셋, 고급 카메라 조작으로 이미지를 생성하고 찍고 편집할 수 있습니다.
HELLO	헬로베이비	가족의 행복한 순간, 가족의 성장 앨범을 가족끼리 공유할 수 있는 앱입니다.
	Adobe Capture CC	마음에 드는 이미지를 촬영한 다음, 색상을 추출하거나 패턴 또는 브러시를 만들고 모양을 벡터 그래픽으로 변환하여 사용할 수 있습니다.
	Cortex Camera	야간 촬영 시 노이즈를 억제해주는 앱으로 야경 촬영에 도움이 됩니다. (ios 전용, 유료 앱)
	Prisma	사진을 유명한 아티스트들의 스타일을 활용하여 아트워크로 바꾸어 줍니다.
R	리멤버	명함을 등록하고 비즈니스 인맥관리를 할 수 있는 앱입니다.
	구글 포토	스마트폰의 공간 부족을 해소하고 고화질 사진과 동영상을 무료로 백업할 수 있습니다.
	Snapseed	Google에서 개발한 사진 촬영 및 보정 앱입니다.
Mobile FAX	모바일 팩스	스마트폰으로 팩스문서를 간편하게 송수신한다!! 최강 팩스어플 텔링크 모바일팩스!!
You Tube	유튜브	스마트폰으로 유튜브 동영상을 올리거나 편집할 수 있습니다.
	키네마스터	스마트폰으로 각종 사진과 동영상 편집이 가능합니다.

📱 금융 앱

아이콘	앱 이름	설명
B	카카오뱅크	365일 언제나 지점 방문 없이 모든 은행 업무를 모바일에서 해결할 수 있는 앱입니다.
₩	토스	신용등급 조회를 무료 제공하며 공인인증서 없이 쉽게 송금할 수 있으며 모든 금융 계좌를 한 번에 관리할 수 있는 앱입니다.
🌱	뱅크샐러드	흩어진 금융정보를 한 데 불러와, 지출과 자산을 관리해 주는 무료 가계부 앱입니다.
₿	비트코인	각 거래소별 비트코인 시세를 쉽고 편리하게 확인할 수 있는 맵입니다.
bithumb	빗썸	비트코인, 이더리움, 비트코인캐시, 리플, 라이트코인, 대시, 모네로, 비트 코인골드, 이오스 등 국내 1,300여 종의 비트코인 거래소 앱입니다.
📈	증권 앱	증권사 앱을 통해 주식거래는 물론 현금 입출금 및 계좌이체가 가능하며 일반 금융기관의 연계 계좌 개설이 가능합니다.
GIRO 모바일지로	모바일 지로	금융결제원의 '모바일 지로' 앱을 통해 각종 공과금 및 다양한 지로요금을 계좌이체 및 신용카드로 쉽고 편리하게 납부할 수 있습니다.

📱 전자책 뷰어 앱

아이콘	앱 이름	설명
RIDI	리디북스	리디북스 서점에서 구매한 모든 책을 앱에서 볼 수 있는 전자책 뷰어 입니다. 본문을 읽어주는 듣기 기능(TTS)까지 활용할 수 있습니다.
KYOBO eBook 전자도서관	교보문고 전자도서관	교보문고와 제휴된 전자도서관의 이용자를 위한 것으로 제휴된 전자 도서관의 이용자라면 누구나 시간과 장소에 제약받지 않고 무료로 도 서 열람이 가능한 앱입니다.
	마루	스마트폰이나 웹하드에 저장되어 있는 텍스트 파일, 만화책 등 다양한 유형의 파일을 지원합니다.
♭	브런치	카카오 앱에서 만든 앱으로 좋은 글을 만나 볼 수 있으며, 마음에 드는 작가를 구독하고 원할 때마다 꺼내볼 수 있습니다.
	카카오페이지	카카오 앱에서 만든 앱으로 무료로 웹툰/ 웹소설 등을 볼 수 있습니다.

📱 직장인(소모임) 앱

아이콘	앱 이름	설명
P	핑퐁	수업, 회의 등 다수의 사람들이 모인 현장에서의 상호작용을 도와주는 커뮤니케이션 앱입니다.
onoffmix.com	온오프믹스	대규모 컨퍼런스, 콘서트, 세미나, TV 프로그램의 방청 신청뿐만 아니 라 일일 클래스 등의 다양한 정보를 모바일에서 손쉽게 확인하고 간단 히 참여 신청이 가능한 앱입니다.
	소모임	나와 같은 관심사를 가진 사람들과 함께 오프라인 중심의 다양한 동호 회 활동을 할 수 있는 앱입니다.
b	밴드	가족, 커플, 친구모임을 돈독하게, 스터디, 업무모임은 중요한 글과 파 일을 놓치지 않게, 취미 동호회의 많은 멤버들과도 불편 없이 그룹투 표를 하고 일정을 공유할 수 있습니다.
	크레딧잡	국민연금납부정보를 통한 기업 입사율/퇴사율/추정 연봉 정보 등을 제공합니다.

📱 문화/여가/게임 앱

아이콘	앱 이름	설명
	아티즘	무료 미술전시/전시회/전시정보를 알 수 있습니다.
CANGOTO	캔고루	전국 전시회의 무료/할인 입장권을 받을 수 있고 전시 공연 정보를 받을 수 있습니다.
BERLINER PHILHARMONIKER	Digital Concert Hall	베를린 필하모닉의 공연 영상을 무료, 유료로 즐길 수 있습니다.
	프립	아웃도어 여행, 피트니스, 문화생활 등의 정보를 찾을 수 있습니다.
	Twitch	게임과 활동을 생방송으로 시청하고, 언제 어디서든 스트리머나 시청자들과 채팅할 수 있습니다.
	왓챠	취향에 맞는 영화, 도서, TV 시리즈를 추천하고 정보를 주는 앱입니다.

📱 건강 앱

아이콘	앱 이름	설명
	굿닥	내 주변에 있는 실시간 진료 병원 또는 영업 약국을 쉽게 찾을 수 있습니다. 상황별에 맞는 병원을 찾도록 도와주며 후기로 좋은 병원을 찾을 수 있는 앱입니다.
	Clue 생리추적기	베를린에서 만든 생리주기 추적 앱으로 본인이 원하는 항목만 골라 맞춤형으로 설정할 수 있는 앱입니다.

📱 부동산 앱

아이콘	앱 이름	설명
	직방	믿을 수 있는 매물 정보를 제공하며 안심중개사/헛걸음 보상제 등 보금자리를 찾는 이에게 유용한 앱입니다.
국토교통부	LURIS 토지이용규제	부동산 거래 시 필요한 사전 정보 및 공시자가 지목한 행위제한정보 등을 얻을 수 있습니다.

📱 공부 & 강연 앱

아이콘	앱 이름	설명
	스터디 헬퍼	공부 시간 측정, 폰 잠금, 전국 비교통계, 스터디 그룹 등 공부하는 데 도움을 주는 앱입니다.
CHEMI STUDY	케미 스터디	서울대 튜터들이 해주는 나만을 위한 1:1 맞춤 강의와 공부비법으로 공부하는 데 도움을 주는 앱입니다.
TED	TED	주제와 취향에 따라 훌륭한 인물들이 들려주는 2,000개가 넘는 강연을 접할 수 있는 앱입니다.
	iTunes U	명문 학교, 대학교, 박물관 및 문화기관의 공개 강의를 통한 다양한 무료 교육 콘텐츠 모음으로 학습 가능한 앱입니다. (ios 전용 앱)
Mirroring	스마트폰 미러링 스마트폰뷰	스마트폰의 갤러리에 있는 콘텐츠를 스마트폰 TV로 볼 수 있습니다.

📱 패션 & 화장품 앱

아이콘	앱 이름	설명
88	Style Share	120개 나라에서 모인 사용자들의 일상 속 패션, 메이크업 노하우, 세일 정보 등을 공유하여 패션 정보를 얻을 수 있는 앱입니다.
m	미미박스	유명 뷰티템과 신상품까지 풍성한 화장품과 뷰티 콘텐츠가 모여 있는 앱입니다.

📱 라디오 & 팟캐스트 앱

아이콘	앱 이름	설명
✛	Tune In Radio	AM/FM 방송국, 인터넷 라디오, 팟캐스트, 프로그램 등 풍부한 콘텐츠를 무료로 청취할 수 있습니다.
😊	오디오클립	네이버에서 만든 오디오 콘텐츠로 인문, 역사, 어학, 과학, 문화, 건강, 예술 등 여러 카테고리를 선택할 수 있습니다.

기타 앱

아이콘	앱 이름	설명
	원격제어 TeamViewer	이동 중에도 다른 컴퓨터, 스마트폰 또는 태블릿에 원격으로 연결할 수 있는 앱입니다.
	벤치비	모바일 인터넷의 다운로드 및 업로드 속도, 지연시간, 손실률에 대한 속도측정과 이력관리 기능 및 측정통계 정보를 무료로 제공하는 앱입니다.
	AnTuTu 벤치마크	안드로이드폰과 테블릿의 성능을 평가한 앱입니다.
	Feedly	블로그의 글을 자동으로 받아 볼 수 있는 앱입니다.
	Pocket	나중에 읽거나 보고 싶은 기사, 동영상 또는 링크를 찾게 되면 Pocket에 저장해 스마트폰, 태블릿 및 컴퓨터 간에 자동으로 동기화되어 언제든 볼 수 있는 앱입니다.
	캐시슬라이드	잠금 화면에서 최신 뉴스부터 나에게 딱 맞는 정보까지 볼 수 있고 간단히 캐시가 적립되어, 적립된 캐시는 현금처럼 사용 가능한 앱입니다.
	1Password	비밀번호 관리 앱입니다.
	텔레그램	프라이버시는 철저히 보호되며 메시지가 암호로 전송돼 보안이 철저한 메신저 앱입니다.
	모비즌 스크린 레코더	게임 플레이, 동영상, 라이브 녹화를 쉽고 편리하게 사용할 수 있는 앱입니다.
	VLC 플레이어	다양한 코덱지원으로 영화/드라마를 볼 수 있는 동영상 플레이어 앱입니다.
	굿슬립	숙면 도우미, 불면증/수면장애에 효과적이며 미국 의사들이 추천하는 앱입니다. (ios 전용, 유료 앱)
	얼리버드 알람	다양한 테마를 가지고 있고 매일 다른 알람음으로 일어날 수 있는 랜덤 알람 소리도 제공하는 앱입니다.

아이콘	앱 이름	설명
	Peak 브레인 트레이닝	기억력/주의력/문제해결력 등 두뇌 트레이닝으로 두뇌회전에 도움을 주는 앱입니다.
	중고나라	네이버 카페 중고나라 공식 앱으로 중고 상품 판매/구매, 사기방지센터로 직거래할 수 있습니다.
	스카이 가이드	하늘을 향해 기기를 들고만 있으면 성좌, 행성, 위성 등을 자동으로 찾고 별을 관측할 수 있는 별자리 앱입니다. (ios 전용, 유료 앱)
	야후 날씨	현재 날씨 상태와 일치하는 근사한 사진과 새로운 디자인을 특징으로 높게 인정받는 날씨 앱입니다.
	이음	무료 소개팅, 소셜 데이팅 앱으로, 매일 정해진 시간에 소개팅 상대를 주며 국내 최다 회원을 보유하고 있는 앱입니다.
	Tango	무료 음성 및 영상 통화를 걸고 무료 문자 메시지를 보낼 수 있으며, 사진, 영상 및 상태 업데이트를 공유할 수 있는 앱입니다.
	비트윈	커플전용 앱으로 사랑하는 남친, 여친, 애인과 더 사랑스럽게 소통하고, 소중한 추억을 손쉽게 저장할 수 있는 앱입니다.
	정부민원24	정부서비스는 대한민국 중앙행정기관, 공공기관, 지방자치단체가 제공하는 서비스를 12개로 분류하여, 개인의 생활에 필요한 맞춤형 서비스를 다양한 방법으로 제공합니다.
	노인돌봄 엄마를 부탁해	스마트폰으로 간단하게 노인돌봄 서비스를 제공합니다.
	스마트 리모컨 리모트 CT	TV, 셋톱박스, 에어컨 등을 스마트폰을 사용하여 조작할 수 있습니다.

📱 스마트폰 APP의 현재와 미래

본 저서에서는 일반인들이 많이 사용하는 앱을 대상으로 간단하게 설명하였으며, 상기 앱 외에도 수많은 유용한 앱들이 매일 쏟아져 나오고 있습니다. 정치, 경제, 사회, 문화, 부동산, 금융, 제조, 서비스, 배달 음식점 등 사용자의 전문성에 맞게 유용한 앱들을 선별하여 다운받아 활용할 수 있습니다.

▶ 가상화폐 비트코인

'가상화폐'에 대하여 간단하게 설명하고 넘어가고자 합니다.

가상화폐란 컴퓨터 등에 정보 형태로 남아 사이버상으로만 거래되는 전자화폐의 일종으로, 각국 정부나 중앙은행이 발행하는 일반 화폐와 달리 처음 고안한 사람이 정한 규칙에 따라 가치가 매겨지는 것을 특징으로 하며 지폐·동전 등의 실물은 없고 온라인에서 거래되는 화폐입니다. 해외에서는 초창기에 눈에 보이지 않고 컴퓨터상에만 표현되는 화폐라고 해서 디지털화폐Digital Currency 또는 가상화폐 등으로 불렸지만, 최근에는 암호화 기술을 사용하는 화폐라는 의미로 암호화폐라고 부르며 정부는 가상통화라는 용어를 사용합니다.

그렇다면 가상화폐 비트코인의 미래는 어떻게 될까요? 최근 세계적으로 선풍을 일으키고 있는 국내 가상화폐 시장의 비트코인은 전 세계 시장의 평균가격보다 20% 이상 높게 거래되고 있는 것이 현실입니다. 하지만 세계의 유명 경제 전문가들은 모두 비트코인의 미래가 불확실성 속에 있다고 증언합니다.

JP모건의 CEO인 제이미 다이먼은 비트코인에 투자하는 것은 바보 같은 짓이며 JP모건 직원 중 가상통화를 거래하는 사람이 있다면 해고할 것이라고 강도 높게 비판한 바 있습니다. 또한 버크셔 해서웨이의 CEO 워렌 버핏 역시 가상화폐에 대해 "정말로 거품이다. 적정가를 전망하는 사고 자체가 거품의 일종이다."라며 회의적인 결론을 이야기했습니다.

여기에 오크트리캐피탈 회장 하워드 마스크는 "가상화폐는 근거 없는 일시적 유행 혹은 피라미드 사기일 뿐이다."라고 규정하였으며, 에퀴팩스의 수석 이코노미스트 에이미 쿠츠 역시 "신고점을 찍었다는 소식에 또다시 투자자들이 몰려들어 또 신고점을 찍는 등 전형적인 버블이다."라고 이야기한 바 있습니다. 또한 회계컨설팅사 KPMG의 수석 이코노미스트인 콘스탄트 헌터 역시 "천정부지로 치솟는 비트코인 투자에 대한 부러움이 있지만 광풍의 마지막 국면이란 우려가 나온다. 그 공포가 현실화되기 전에 빠져나와야 한다."라며 현재의 상황을 진단한 바 있습니다.

국내 광역 지방 자치단체에서는 자영업자, 소상공인의 카드 수수료 부담 완화를 위해 핀테크Fin-Tech를 활용한 S-Pay(서울페이)나 K-pay(경남페이) 등을 도입하는 등 다양한 전자 결제 시스템을 도입하고 있습니다. 이러한 지방정부에서 제공하는 디지털 화폐와는 차원이 전혀 다른 비트코인의 미래는 누가 보장을 해줄지는 미지수입니다.

한편 향후 다양한 기술의 앱APP들이 쏟아져 나올 것으로 예상됩니다. 다양하게 쏟아져 나오는 앱APP들을 소홀히하여 하나를 포기하게 되면 향후 다양한 미래기술이 도입되어 물밀듯이 쏟아져 나올 앱들을 포기하는 것과 같습니다. 그러기에 우리는 새로운 것이 나올 때마다 이를 숙지하고 적용하는 기술의 습득을 게을리해서는 안 될 것입니다.

📱 가장 먼저, 가장 쉽게 따라 해 볼 것

❶ 스마트폰 문자 SMS, 카카오톡 문자 모두 말로 보냅니다.

❷ SMS 문자, 카카오톡 장문과 단문 모두 자동으로 읽어줍니다.

문자 보내기 초기화면   환경설정 ⚙️을 길게 누른 후 🎤선택   🎤선택 후 문자내용 말하기

음성인식을 위한 스마트폰 🎤 마이크는 기종에 따라 다소 환경이 다를 수 있으나 대부분 유사하며 신형 폰의 경우 메시지 작성용 🎤 마이크가 노출되어 있는 기종도 있습니다.

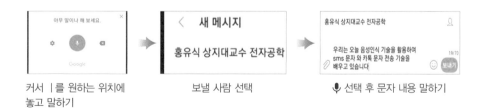

커서 ┃를 원하는 위치에   보낼 사람 선택   🎤 선택 후 문자 내용 말하기
놓고 말하기

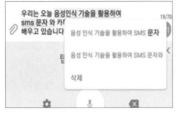

잘못 작성된 글 수정

한 번만 마이크를 선택해 놓으면 문자, 카톡 등 무엇이든지 입력 가능하며 전화번호 찾기도 가능합니다. 메모 등 모든 음성(텍스트)을 한글로 변환해 주며, 만약 사투리의 경우 커서를 잘못된 글자 위에 놓으면 표준어 또는 원하는 글자가 생성됩니다.

★ 카카오톡의 경우도 일반 문자 보내기와 방법이 동일합니다.

🎤 선택 후 카카오톡 내용 말하기, 음성문자 사투리, 오자 발생 시 Ⅰ 커서를 오자 위에 놓고 수정

📱 아이폰의 경우 음성문자 보내기 및 자동 읽어주기의 예

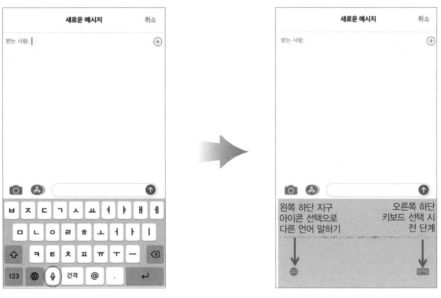

아이폰의 경우 문자 보내기 기본 화면
하단의 음성 입력 마이크 선택

마이크 선택 시 화면

📱 문자와 카카오톡 등 장문의 글을 읽어주는 토크프리(Talk FREE)

▶ 사용방법

먼저 구글플레이스토어에서 한글 또는 영어로 토크프리를 검색하여 APP(🔊) 다운받습니다.
신문잡지는 자체 읽기 아이콘 선택 가능(플레이스토어에서 토크프리 다운받기)

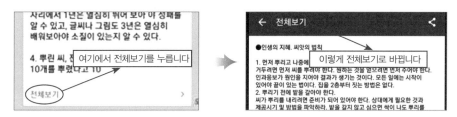

전체보기를 터치하고 글자 위를 손으로 꾸~욱 누른 후 복사, 공유, 모두 선택 중 선택

위 화면에서 '모두 선택'을 터치하여 공유 ◁ 또는 ⋮ 점 3개를 터치한 뒤, Speak with Talk 선택
또는 Save in Talk를 선택하면 문서 저장 후 자동 읽기가 됩니다.
★ 여기에서 PAPAGO 번역을 선택하시면 한글, 영문, 중문 등 번역과 읽기가 동시에 가능합니다.

제일 먼저 토크프리(Talk FREE)를 다운받아 설치하셔야
됩니다.
일반 문서, 영문, 한문, 다국어의 경우도 동일한 방법으
로 토크프리(Talk FREE)를 통하여 자동 읽기와 번역이
가능합니다.

문자, 신문 등 모든 텍스트(글자) 읽어주기에서 토크프리와 연동이 안 될 경우, 공유 버튼으로 토
크 프리에 공유하시면 자동으로 읽어주며, 이때 글자 읽는 속도와 남, 여 목소리를 선택할 수 있
습니다.

• 위 두 가지 기능(말로 문자 보내기, SMS 및 카카오톡 단문 장문 자동읽기)만 잘 활용
하시면 운전 중 스마트폰 조작으로 인하여 발생되는 교통사고를 절반

이하로 줄일 수 있습니다.

• 운전 중 스마트폰 조작으로 인하여 발생되는 교통사고가 우리나라 전체 교통사고의 절반 정도 된다고 조사·보고되고 있으며(출처: 통계 TAAS 교통사고 분석시스템) 미국의 경우 안전벨트 사용 증가, 음주운전 감소에도 불구하고 사망자 수가 증가하는 주요원인으로 운전 중 스마트폰 사용을 지목하고 있습니다(출처: KiRi 리포트 2017. 7. 19. 글로벌 이슈).

🗨 아이폰의 경우

아이폰의 경우 토크프리와 유사한 기능이 있어서 다음과 같이 설정하면 자동 읽어주기가 가능합니다. 하지만, 토크프리가 가지고 있는 전반적인 유용한 기능은 없으므로 다양한 활용을 위해서 아이폰 자체 기능보다는 토크프리를 다운 받을 것을 권장합니다.

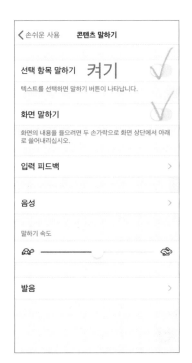

메시지
기본화면

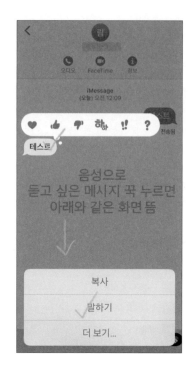

음성으로
듣고 싶은 메시지 꾹 누르면
아래와 같은 화면 뜸

복사

말하기

더 보기...

두 손가락으로
쓸어내림

특정 텍스트 외에
화면 전체를 읽고 싶을 때

03 Google 계정 만들기

구글 계정 만들기는 스마트폰을 가장 스마트하게 사용하기 위한 첫걸음이자 첫 단추입니다. 구글 무료 계정 하나로 모든 Google 〈📷 G 🔺 🌀〉 서비스를 사용할 수 있습니다.

▶ 앱 또는 🌀 앱을 터치하면 로그인 페이지가 나옵니다.

'새 계정 만들기'를 터치하고 다음으로 이동합니다.

이름, 생년월일, 성별을 기입하고 '다음'을 터치합니다.

사용하고자 하는 아이디를 입력하고 '다음'을 터치합니다.

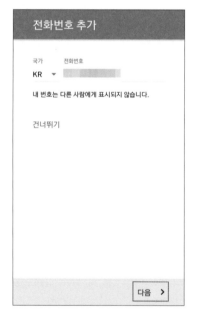

자신의 전화번호가 추가되며 '다음'을 터치하면 본인 확인을 위한 일회성 SMS가 전송됩니다.

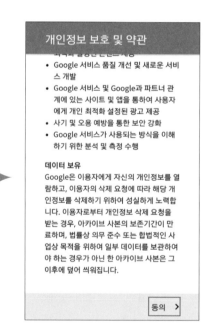

개인정보 보호 및 약관을 읽고 '동의'를 터치합니다.

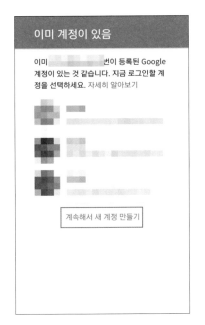

'계속해서 새 계정 만들기'를 터치합
니다.

이메일 아이디와 비밀번호를 입력하고
'다음'을 터치합니다.

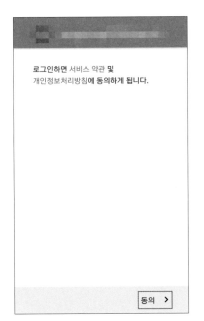

구글 계정 로그인을 위해 서비스 약관
에 '동의'를 터치합니다.

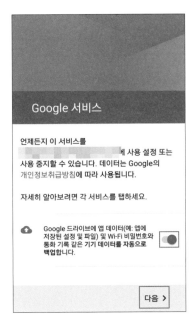

구글 드라이브 동기화를 위해 '다음'을
터치합니다.

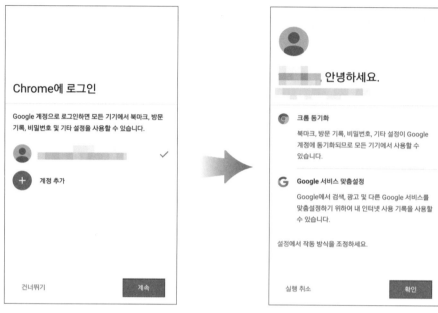

로그인 계정을 선택하고 '계속'을 터치
합니다.

'확인'을 터치하면 크롬앱이 구글 계정
에 동기화되며 구글 서비스를 사용할
수 있습니다.

▶ 구글 Chrome을 이용하시면 다양한 정보와 기능을 활용할 수 있습니다.

첫째, 내 스마트폰 속에 들어있는 사진 및 동영상을 백업할 수 있습니다.

둘째, 그림 파일로 되어 있는 텍스트를 스캔하여 한글 워드프로세서 텍
스트로 변환시킬 수 있습니다.

셋째, 유튜브 영상을 올릴 수 있습니다.

넷째, 구글 계정을 통하여 분실된 나의 스마트폰을 찾을 수 있으며 또한
신호를 보내어 스마트폰의 분실 위치를 알려 줍니다.

이외에도 다양하고 유용한 기능들이 즐비합니다.

구글 드라이브 하나만 잘 활용하셔도 힘들게 손으로 타이핑하거나 어려
운 문서를 번역 타이핑하는 과정이 필요치 않습니다.

보다 더 자세한 사항은 전 창원지방 법원장과 부산지방 법원장을 거쳐

서울지방 법원 도서관장님을 지낸 강민구 판사님의 동영상을 유튜브에서 검색하여 시청해 보시면 알 수 있습니다. 강민구 판사님은 그동안 우리가 알지 못했던 다양한 콘텐츠들을 가장 효율적으로 활용할 수 있는 방법을 제시해주시며, "우리가 정보에 종속되지 않고 주체적으로 깨어나야 한다(강민구 유튜브 강연 중)."고 말씀하셨습니다.

매일 수없이 많은 정보가 홍수처럼 밀려들지만 우리는 이것은 나와는 상관없는 것으로 치부해버리는 경우가 많습니다. 그러나 그 정보에서 주체적으로 깨어나지 못하면 결국 정보에 종속될 수밖에 없다는 것이 작금의 4차 산업혁명의 시대에 냉엄한 현실임을 우리는 깨우쳐야 합니다. Chrome이 제공하는 다양한 기능들을 직접 체험해보는 것은 4차 산업혁명의 첫걸음의 체험이라 할 수 있습니다.

Play　YouTube　드라이브　주소록　사진　Google+　Google계정　지도

컴퓨터에 있는 음악 및 동영상, 사진, 문서 파일을 제품에 내려 받거나 제품에 있는 파일을 컴퓨터로 전송할 수 있습니다.[3] 스마트폰 속도가 느려 새것으로 바꾸려 하십니까? 이제 간단하게 PC에 연결하여 스마트폰 내에 있는 불필요한 대용량 파일들을 내 PC에 옮기기만 해도 속도는 훨씬 빨라짐을 경험하십시오.

❶ 스마트 폰과 컴퓨터를 USB 케이블로 연결합니다.

❷ 화면 상단을 아래로 드래그해 알림 창을 연 뒤, USB로 파일 전송을 선택한 후 연결하고자 하는 사용용도를 선택합니다.

　MTP 연결을 지원하지 않는 컴퓨터의 경우 이미지 전송을 선택합니다.

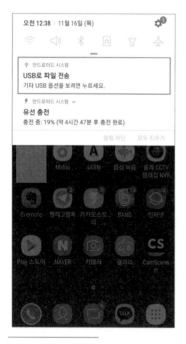 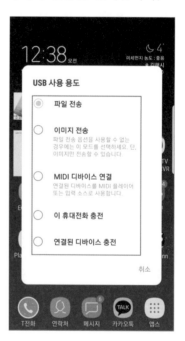

3 SM-G930_UM_Nougat_Kor_Rev.1.0_170119 삼성 매뉴얼

❸ 컴퓨터에 스마트폰이 인식되면 내 컴퓨터에 제품이 나타납니다.

❹ 스마트폰과 컴퓨터 간에 파일을 전송합니다.

* 특히 최신 스마트폰에 장착된 카메라들은 화소수가 매우 높아 카메라로 촬영된 사진이나 동영상으로 촬영된 영상의 사이즈가 매우 큽니다. 따라서 다량의 사진 파일과 동영상 파일을 장기간 스마트폰에 보관할 경우, 스마트폰의 메모리 부족으로 스마트폰 속도 느림 현상이 발생할 수 있습니다. 이를 방지하기 위해 스마트폰 내부 메모리나 SD저장 장치에 있는 사진 및 동영상을 스마트폰에서 PC로 옮겨 주거나 또는 외장 하드 디스크에 저장할 것을 권유합니다.

Tip 보통 PC에 USB 케이블을 연결하면 몇 가지 옵션을 선택할 수 있게 됩니다. MTP (Multimedia Transfer Protocol) 모드일 때는 동영상, 사진, 일반 데이터 등의 자료를 전송할 수 있고, PTP(Picture Transfer Protocol)모드일 때는 사진 전송만 가능합니다. 전원 충전 기능만 사용하는 옵션의 경우 파일 전송은 불가능합니다. 기본적으로 이 모든 작업은 USB 케이블을 이용하여 안드로이드폰을 PC에 연결한 후 PC에서 장치를 인식하여 진행되게 됩니다. 그런데 가끔 PC에서 안드로이드폰의 인식이 불가능한 경우가 있습니다. 인식 문제가 생기면 케이블을 분리했다 다시 끼워도 소용이 없는 경우가 많습니다. 이때 사용할 수 있는 한 가지 팁이 있는데요, PC의 '제어판→ 윈도우 장치관리자'로 들어가서 화면에 나타나 있는 스마트폰 장치를 삭제하는 것입니다. 장치를 삭제한 후 다시 스마트폰을 PC에 연결하면 폰에서 장치를 다시 로드하여 정상적으로 인식이 됩니다. 만약 여러분이 윈도우8 이상의 사용자라면 이렇게 하는 것만으로도 PC에 스마트폰을 정상연결할 수 있습니다. 다만 윈도우7 이하의 사용자라면 삼성이나 LG사이트에 들어가서 드라이브를 다운 받아 설치하셔야 합니다.

스마트폰에 저장된 파일이나 클라우드와 같은 다른 저장 공간에 저장된 파일을 확인 및 관리할 수 있습니다.[4]

❶ 삼성 폴더에서 📁 내 파일 앱을 실행합니다.

❷ 각 저장 공간별로 파일을 확인할 수 있습니다. 제품과 메모리 카드에 저장된 파일은 카테고리별로 확인할 수 있습니다.

---

4 SM−G95X_UM_Nougat_Kor_Rev.1.4_170821 삼성 매뉴얼

❸ 불필요한 데이터를 삭제하여 저장 공간을 확보하려면 ⋮ 메뉴 버튼을 터치
한 후 저장공간 확보를 터치합니다.

❹ 파일이나 폴더를 검색하려면 🔍 아이콘을 터치합니다.

이상의 설명을 통하여 각종 유용한 앱의 종류와 구글 무료 계정 만들기,
스마트폰과 컴퓨터 연결하기, 스마트폰 상태 확인하기 등으로 불필요한 데
이터를 삭제하여 저장 공간을 확보하는 기능까지 살펴보았습니다.

다음 장에서는 글로벌 시대에 당신의 든든한 통·번역 파트너인 네이버
파파고와 구글 다국어 통역, 번역 서비스 그리고 이미지를 텍스트로 바꿔 형
상화하는 기능까지 살펴보기로 하겠습니다. 하나씩 따라 해보시기 바랍니
다.

아직도 통역, 번역이
필요합니까?

당신의 든든한 번역 파트너
'네이버 파파고'

파파고는 에스페란토Esperanto 언어로 '앵무새'를 의미하며 네이버에서 제공하는 번역 앱입니다. 파파고는 현재 한국어, 영어, 일본어, 중국어(간체), 스페인어, 프랑스어, 베트남어, 태국어, 인도네시아어 총 10개 국어 번역 서비스를 제공하고 있습니다.[1]

① 번역하기

▶ play 스토어 앱을 실행한 후 검색창에 파파고를 입력하고

 를 터치합니다.

'설치' 버튼을 터치하여 파파고 앱을 설치합니다.

---

1 파파고 공식 블로그(http://blog.naver.com/nv_papago/220782606440)

설치가 완료된 파파고 앱을 '열기' 버튼을 터치하여 실행합니다.

파파고 앱이 실행되면 📍위치 정보 접근 권한[2](선택 접근 권한[3])에 대하여 허용 또는 거부를 터치합니다.

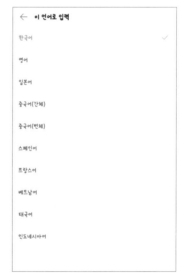

언어 아이콘 ①을 터치하여 번역을 원하는 언어를 변경할 수 있고, 번역하고자 하는 언어의 위치를 ②를 통해 변경할 수 있습니다.

---

2 위치: 사용자 주변의 추천 번역문 제공 등을 위해 위치 정보 사용할 수 있습니다.

3 선택 접근 권한: 접근 권한에 동의하지 않아도 서비스 이용이 가능합니다.

번역할 내용을 입력하는 곳을 터치한 후, 번역할 내용을 입력하고 '완료' 버튼을 누릅니다.

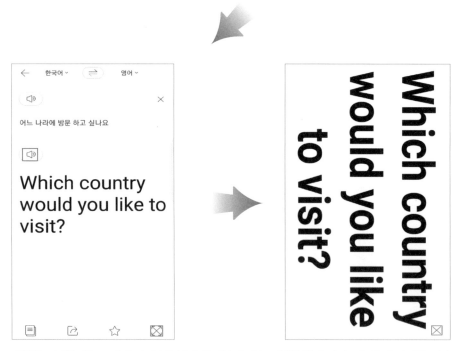

번역한 결과를 ◁》 스피커 아이콘을 통해 들어볼 수 있으며 ⊠ 확대 아이콘을 통해 번역한 결과를 확대하여 볼 수 있습니다. 확대된 결과는 ✕ 아이콘을 통해 닫을 수 있습니다.

② 음성 번역

🎤 마이크 아이콘을 터치하여 실행합니다.

🎤 마이크 아이콘[4]의 권한(필수 접근 권한[5]) 허용을 터치합니다.

💬 아이콘이 실행되고 음성으로 번역할 내용을 말하면 실시간으로 번역이 실행됩니다.

음성 번역을 통해 번역된 결과를 🔊 스피커 아이콘을 이용하여 상대방이 듣게 할 수 있습니다.

---

4 마이크: 음성/대화 번역을 이용할 수 있습니다.

5 필수 접근 권한: 접근 권한에 동의하여야 서비스 이용이 가능합니다.

③ 대화 모드

대화 아이콘을 터치하여 실행합니다.

아이콘이 실행되고 음성을 통해 번역할 내용을 말하면 실시간으로 번역이 됩니다.

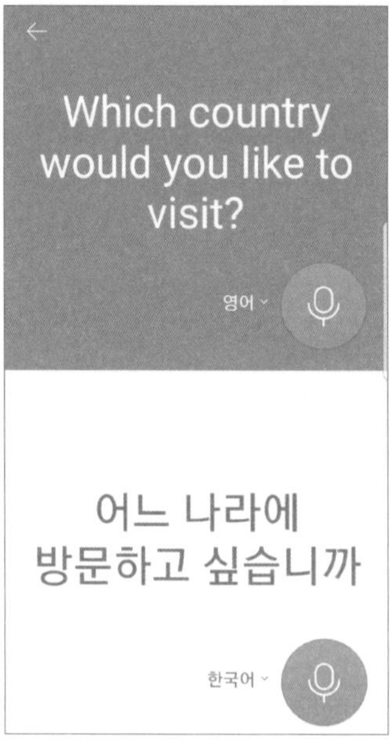

외국인과의 1:1 대화가 필요할 때 내가 말하는 내용을 상대방의 언어로 번역해 주고 상대방이 말하면 다시 나의 언어로 번역해 편하게 대화할 수 있습니다.
이때 주의할 점은 가능한 표준말을 사용하는 것이 무엇보다 중요합니다. 그리고 반복적인 연습이 중요합니다.

❹ 이미지 번역

🔲 카메라 아이콘을 터치하여 실행
합니다.

🔲 카메라 아이콘[6]의 권한(필수 접
근 권한[7]) 허용을 터치합니다.

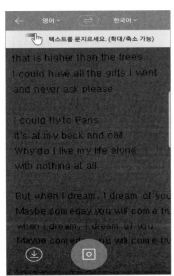

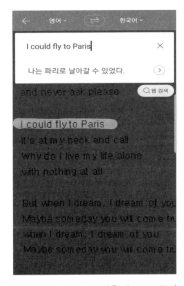

🔲 카메라 아이콘을 터치하여 번역
을 원하는 게시물의 사진을 찍습니다.

번역하고자 하는 문장을 손으로 문지
르면 번역에 대한 결과를 알 수 있습
니다. 외국어로 되어 있는 화장품, 의
약품, 간판 등에 스마트폰 카메라로
사진을 찍어 활용할 수 있습니다.

---

6 카메라: 이미지 번역을 이용할 수 있습니다.
7 필수 접근 권한: 접근 권한에 동의하여야
   서비스 이용이 가능합니다.

⑤ 글로벌 회화

☰ 좌측 상단의 '메뉴' 버튼을 누릅니다.

'글로벌 회화' 버튼을 눌러 자신에 맞는 상황별 회화를 찾아줍니다.

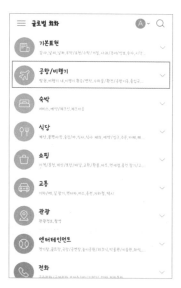

네트워크 연결이 되어 있지 않은 상황에서도 사용이 가능해 자신에 맞는 상황별 회화를 선택하여 상황에 맞게 활용할 수 있습니다.

해당하는 문장을 터치하면 영어로 번역되고 ◁)) 스피커 아이콘을 통해 상대방에게 들려주거나 보여줄 수 있습니다.

▶ 네트워크가 연결되어 있을 경우

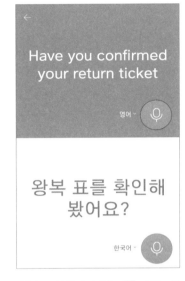

🐤 파파고 앱을 열고 대화 모드를 터치합니다.

영어로 설정되어 있는 🎤 마이크를 터치한 후 영어를 사용하는 상대방의 음성을 마이크를 통해 스마트폰에 인식시키면 그와 동시에 번역이 됩니다.

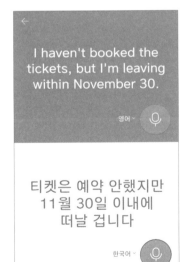

한국어로 설정되어 있는 🎤 마이크를 터치하여 한국어로 마이크를 통해 얘기하면 영어로 번역되며, 번역된 내용을 음성으로 상대방에게 들려줄 수 있습니다.

▶ 네트워크가 연결되지 않는 경우

☰ 메뉴를 터치하고 글로벌 회화를 열어줍니다. Ⓐ를 터치하면 언어를 선택할 수 있습니다.

자신이 필요한 상황을 선택할 수 있습니다.

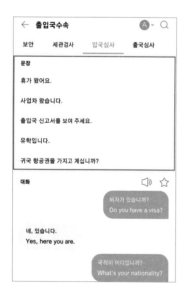

문장을 선택하여 자신에 맞는 상황에 활용할 수 있습니다.

대화를 선택하면 대화 예문을 볼 수 있으며 🔊 스피커를 터치하면 음성으로 상대방에게 들려줄 수 있습니다.

6 입국 시 자주하는 질문과 번역 앱 활용하기[8]

새로운 나라로의 여행은 언제나 들뜨고 기대감을 자아내지만 새로운 나라를 여행하기 위해서는 여권과 비자만으로 입국이 불가능합니다. 거의 모든 나라를 방문하는 데에 입국 심사가 필요하며, 입국 심사관의 질문에 제대로 답하지 못하거나 답변이 미심쩍다면 곤란한 상황이 발생할 수 있습니다. 그래서 그러한 상황에 대비해, 입국 심사관이 자주 하는 질문을 준비해 두면 도움이 됩니다.

Q1: May I see your passport? (여권을 보여주시겠습니까?)

Q2: What is your final destination? (목적지가 어디입니까?)

Q3: How long will you stay? (얼마나 체류할 예정입니까?)

Q4: What is the purpose of your visit? (방문 목적이 어떻게 되십니까?)

Q5: Where will you be staying? (어디에 계실 예정입니까?)

Q6: How much currency/cash are you carrying? (현금을 얼마나 갖고 있습니까?)

Q7: Do you come alone or with any companions?
(혼자 여행합니까, 아니면 일행이 있습니까?)

Q8: Have you confirmed your return ticket? (돌아가는 티켓을 예약했습니까?)

Q9: What is your occupation? (무슨 일을 합니까?)

Q10: Do you have any family or relatives living here?
(친척이 여기에 살고 있습니까?)

입국 심사관의 질문에 영어로 대답할 수 있다면 무사히 입국 심사를 통과할 수 있습니다. 하지만 영어를 제대로 구사하지 못한다면 번역 앱을 활용하는 것도 좋은 방법입니다. 너무나 쉽고 간단한 입국 심사가 될 것이며, 이것이 글로벌 시대 4차 산업혁명의 시작입니다.

★ 이때 전화기는 로밍 상태여야 하며 데이터는 ON 상태가 되어야 합니다.

---

8 https://www.skyscanner.co.kr/news/airport-questions-getting-through-customs(스카이스캐너)

다중 언어 번역 서비스
'구글 번역'

구글 다중 언어 번역 서비스로 영어, 일본어, 스페인어, 중국어, 독일어 등 총 103개 국어의 다중 언어 번역 기능 서비스를 제공하고 있습니다.

❶ 번역하기

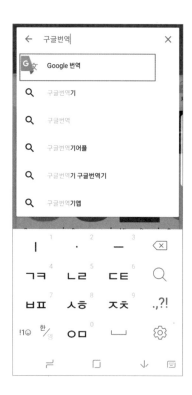

▶ play 스토어 앱을 실행한 후 검색창에 구글 번역을 입력하고 'Google 번역'을 터치합니다.

'설치' 버튼을 터치하여 구글 번역앱을 설치합니다.

설치가 완료된 구글 번역앱을 '열기' 버튼을 터치하여 실행합니다.

구글 번역앱이 실행되면 '오프라인 번역 완료' 버튼을 터치합니다.

↩ '위치 바꾸기' 아이콘을 통해 출발 언어와 도착 언어의 순서를 바꿀 수 있습니다.

출발 언어는 말하는 언어이며 출발 언어를 터치하여 원하는 언어를 선택할 수 있습니다.

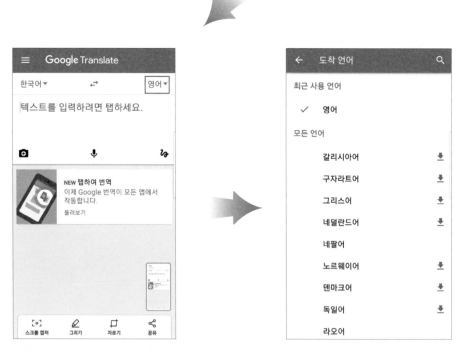

도착 언어는 번역되는 언어이며 도착 언어를 터치하여 번역을 원하는 언어를 선택할 수 있습니다.

텍스트 입력란을 터치하여 번역하고자 하는 내용을 입력하고 '이동'을 선택합니다.

번역한 내용이 나오면 <10> 스피커 아이콘을 눌러 번역한 결과를 들어 볼 수 있습니다.

② 이미지 번역

📷 카메라 아이콘을 터치하여 실행합니다.

📷 카메라 아이콘[9]의 권한 허용 부분을 터치합니다.

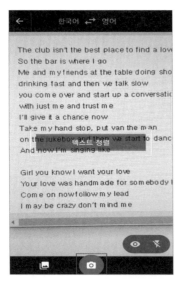

📷 카메라 아이콘을 터치하여 번역할 문장을 촬영합니다.

카메라 입력 개선을 위하여 '확인' 버튼을 터치합니다.

---

9 카메라: 카메라를 통한 텍스트 번역에 필요합니다.

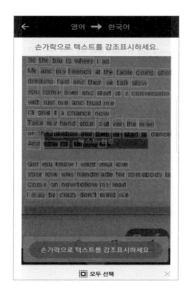

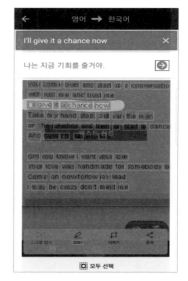

번역하고자 하는 내용을 손가락으로 드래그하면 위쪽에 번역 결과가 보입니다. 모두 선택 아이콘을 누르면 모든 문장이 선택됩니다. 다음 버튼을 터치합니다.

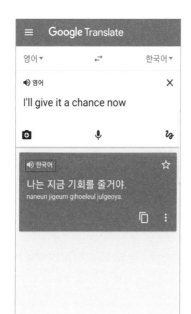

스피커 아이콘을 눌러 번역한 결과를 들어볼 수 있습니다.

❸ 음성 번역

🎤 마이크 아이콘을 터치하여 실행
합니다.

🎤 마이크 아이콘[10]의 권한 허용 부
분을 터치합니다.

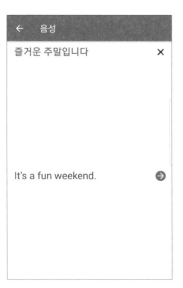

번역하고자 하는 언어를 선택할 수 있습니다. 🎤 아이콘이 활성화되고 번역하고자 하는 내용을
말합니다. 번역한 결과는 음성으로 나옵니다.

---

10 마이크: 음성 번역에 필요합니다.

❹ 필기 번역

✍ 필기 아이콘을 터치하여 실행합니다.

아래 빈 공간 '여기에 쓰기' 부분을 손가락으로 글씨 쓰듯 번역을 원하는 단어나 문장을 씁니다.

아래 빈 공간에 단어나 문장을 입력하면 상단에 글씨가 인식되고 동시에 번역이 됩니다.
이와 마찬가지로 한문이나 일어 등 각국 언어들을 쓰기만 하면 자동으로 번역이 가능합니다.

내 손안의 통역사
'지니톡'

> 2018 평창 동계올림픽 공식 자동번역 소프트웨어로 채택되어 일반 외국인 관광객과 선수 및 코치진, 운영진까지 공식적인 통역기로 사용되었으며, 한국어↔영어/일본어/중국어/스페인어/프랑스어를 포함한 29가지 언어를 양방향으로 지원하고 있습니다.[11]

다국어 번역 앱은 여러 종류가 있지만 모든 것이 무료로 제공되는 앱 중에 꼭 필요한 한두 가지만 잘 활용하시면 충분합니다. 『스마트폰 100배 활용하기』에서 권하는 다국어 서비스가 꼭 필요한 이유는 다음과 같습니다.

첫째: 개인적인 측면에서 볼 때

대한민국의 국민소득이 3만 달러라고는 하나 유럽의 다수 국가에서는 대한민국을 포함한 아시아 국가들을 아직 개도국으로 여기는 경우가 많습니다. 특히 해외 여행 목적으로 이민국을 통과할 때 그들이 하는 말을 잘 알아듣지 못하면 리젝Reject 당하거나 따로 분류되어 온갖 불필요한 조사를 당하곤 합니다. 이는 불법체류 목적인지 여부를 파악하기 위해서인데 언어 소통의 부재가 큰 이유를 차지한다고 할 것입니다.

이러한 경우를 당하게 되면 누구나 당황할 것입니다. 특히 다국어가 되지 않는 사람은 매우 당황할 수밖에 없습니다. 그래서 해외 여행객의 경우 개인적으로 다국어 서비스 기능을 활용하는 것은 필수 중의 필수입니다.

---

11 한컴샵 (http://www.hancom.com/product/productGenietalkMain.do?gnb0=23&gnb1=403#)

둘째: 사회적·기업적 측면에서 볼 때

이제 다국어 번역기를 활용하는 것은 해외 여행에서 뿐만이 아닙니다. 중소, 중견기업의 해외 바이어와의 거래 시 주고받는 E-Mail Latter와 수출 거래를 위한 비즈니스 상담에서도 다국어 번역기는 전 세계 어느 국가의 언어라도 충분하게 소통할 수 있도록 합니다. 전문적이고 중요한 거래가 아닌 일상적인 기본 거래 내용이라면 굳이 번거로운 통역 및 번역 인력이 따로 필요하지 않습니다.

이렇게 해외 바이어와 직접 소통을 체험함으로써 외국인과의 친밀도가 높아지는 효과도 있는 것이며, IT강국 대한민국을 세계만방에 알릴 수 있는 기회입니다. 즉 중소, 중견기업의 해외 영업의 중요한 파트너이자 필수 도구인 것입니다.

셋째: 국가적인 측면에서 볼 때

이제 전 세계 지구촌이 하나가 되는 그야말로 글로벌 시대입니다. 그 속에서 세계 어느 나라보다 통신 인프라가 잘 발달된 나라가 대한민국입니다. 전 국민이 잘 발달된 통신 인프라를 이용하여 다국어 번역기를 잘 활용하는 것은 IT강국 대한민국의 자랑이 아닐 수 없습니다.

한편 글로벌 아시아 중심 대한민국을 찾는 세계 관광객을 모시기 위해 국제공항을 출입하는 영업용 택시 운송 업무에 종사하고 계시는 기사님께서도 이제부터 다국어 통·번역기 활용으로 전 세계 어떤 나라의 외국인 관광객이 찾아와도 아무런 두려움 없이 편안하고 안전하게 모실 수 있습니다.

글로벌 시대에 다양한 글로벌 언어를 모두 구사할 수 없다면 이제부터 범국가적 측면에서 다국어 번역기를 잘 활용할 수 있도록 개도하는 것은 시대적 사명이라 할 것입니다.

저자는 오래전 전 세계 약 70개국을 여행 및 비즈니스 목적으로 방문한 경험이 있습니다. 특히 아프리카 국가들의 경우 도착비자가 적용되지 않은 일부 국가에서 무비자로 입국 시 언어소통이 되지 않아 상당한 어려움을 겪는 것을 많이 봐왔던 경험이 있었습니다.

이제부터 『스마트폰 100배 활용하기』를 통하여 해외에서 구입하는 각종 상품 및 건강 보조식품들까지 포장지에 설명되어 있는 다국어(영어, 중국어, 일본어 포함 모두 103개국 이상)를 스마트폰 하나로 자세하게 읽고 이해할 수 있습니다.

본 『스마트폰 100배 활용하기』 책을 읽고 계시는 독자님들은 이제 글로벌 시대에 세계 어느 나라 국가의 국민과도 소통할 수 있을 것입니다. 글로벌 시대에 글로벌 언어를 잘 이해하고 잘 소통한다는 것은 대한민국 국민의 글로벌 언어소통이 향상되는 멋진 기회가 되는 것입니다.

데이터 저장 서비스 클라우드

파일 관리 서비스
'네이버 클라우드'

네이버 클라우드는 파일을 편리하게 저장하고 활용할 수 있는 웹 저장 공간입니다. 스마트폰의 저장 공간 부족이나 중요한 문서, 사진 등 각종 파일을 내클라우드[1]에 저장해 놓으면 어느 컴퓨터에서나 네이버 로그인만 하면 쉽게 파일을 확인하고 활용할 수 있습니다.

❶ 모바일 네이버 클라우드 사용하기

▶ Play 스토어 앱을 열고 검색창에 네이버 클라우드를 입력하고 를 터치합니다.

'설치' 버튼을 터치하여 네이버 클라우드 앱을 설치합니다.

---

1 클라우드: 데이터를 인터넷과 연결된 중앙컴퓨터에 저장하여 인터넷에 접속하기만 하면 언제 어디서든 데이터를 이용할 수 있는 서비스입니다.(네이버 지식백과)
  (http://terms.naver.com/entry.nhn?docId=3607510&cid=58598&categoryId=59316)

네이버 클라우드 앱이 설치되면 '열기' 버튼을 터치하여 네이버 클라우드를 실행합니다.

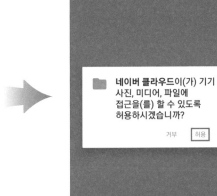

 네이버 클라우드가 사진, 미디어 파일에 접근할 수 있도록 '허용'을 터치합니다.

'시작하기'를 터치하면 자동 올리기를 설정할 수 있습니다. 지금부터 촬영하는 사진 또는 내 폰의 모든 사진을 보낼 수도 있으며, 모든 사진을 보내길 원하지 않는다면 '원하는 사진만 선택 후 자동 올리기'를 선택합니다.

☰ 메뉴 버튼을 터치하면 다양한 방법으로 문서, 사진 파일을 관리할 수 있습니다.

30GB 중 얼마나 사용하였는지 사용량을 알 수 있으며 ⚙ 설정을 터치하면 자동 올리기를 설정할 수 있습니다.

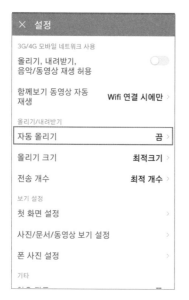

설정에서 자동 올리기를 켜고 끌수 있습니다. 모든 사진과 동영상을 실시간으로 자동 보관하려면 '자동 올리기'를 활성화시키고 사진과 동영상을 선택하여 보관하고 쉽다면 자동 올리기를 비활성화합니다.

1

2

을 선택하면 4가지 방법 중 하나
를 선택하여 정렬할 수 있습니다.

를 터치하면 네이버 클라우드에 문서나 사진 동영상을 업로드하고 관리할 수 있습니다. 문서
나 사진 동영상을 선택하여 체크 표시가 나오면 올리기를 선택합니다. 폴더를 변경하려면 폴
더 변경을 터치하고 새 폴더를 만들 수도 있습니다.

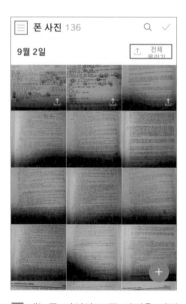

🔀 모임 만들기 🖼 앨범추가
↗ 보내기 ↓ 내려받기 🗑 삭제

☰ 메뉴를 터치하고 폰 사진을 터치
하면 폰 사진 전체 올리기를 할 수
있습니다.

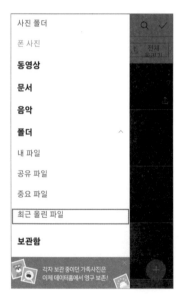

☰ '메뉴' 버튼을 터치하면 최근 올린 파일을 확인할 수 있고 ✓ 터치하면 전체선택, 삭제 등을
할 수 있습니다.

보내기, 내려받기, 삭제를 할 수 있습
니다.

네이버 앱을 실행하고 메뉴
버튼을 터치합니다.

╋를 터치합니다.

네이버 클라우드를 활성화하기
위해 체크 표시가 나오도록 네이
버 클라우드를 터치합니다.

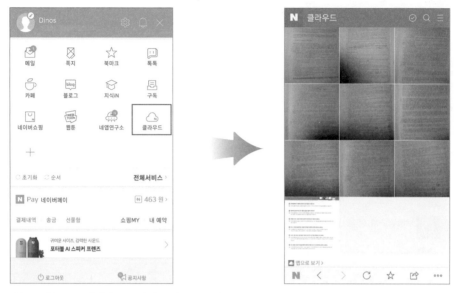

클라우드를 터치하면 네이버 클라우드에 올린 문서, 사진, 동영상을 확인할 수 있습니다.

② PC 네이버 클라우드 사용하기

PC 화면에서 🌐 크롬을 클릭하여 네이버 홈페이지를 열고 로그인합니다.

클라우드를 선택합니다.

클라우드를 선택하면 스마트폰으로 올린 문서, 사진, 동영상을 확인할 수 있습니다.

개인용 클라우드 스토리지
'구글 드라이브'

> 15GB의 무료 구글 온라인 저장 공간이 기본으로 제공되어 사진, 스토리, 디자인, 그림, 녹음 파일, 동영상 등 모든 파일을 저장할 수 있습니다. 드라이브에 있는 파일을 스마트폰, 컴퓨터 등에서 액세스할 수 있어 언제 어디서나 파일을 사용할 수 있습니다.[3]

❶ 모바일 구글 드라이브 사용하기

🔺 구글 드라이브를 선택하여 실행하고 ➕를 터치합니다. ⬆ 업로드를 선택하면 사진, 동영상을 업로드할 수 있습니다.

---

2 클라우드 스토리지: 네트워크 기반에서 데이터를 저장할 수 있게 해주는 서비스입니다. (네이버 지식 백과) (http://terms.naver.com/entry.nhn?docId=3577190&cid=59088&categoryId=59096)
3 구글 드라이브 공식 홈페이지(https://www.google.co.kr/intl/ko/drive/)

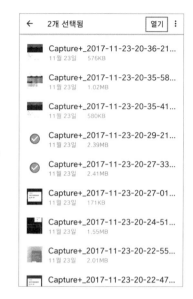

'메뉴' 버튼을 터치하여 업로드하려는 사진, 동영상이 있는 파일을 선택할 수 있습니다.

업로드하려는 사진, 동영상 파일을 길게 터치하면 체크 표시가 나오며 '열기' 버튼을 터치하면 업로드할 수 있습니다.

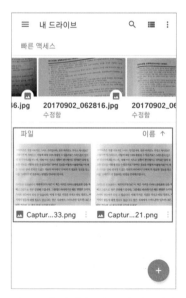

업로드된 파일을 내 드라이브에서 확인할 수 있습니다.

를 터치하여 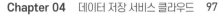 새 폴더를 만들 수 있습니다.

제목을 설정하고 '확인'을 터치하면
새 폴더를 만들 수 있습니다.

➕를 터치하고 📷 스캔을 터치하면
스캔하여 업로드할 수 있습니다.

구글 드라이브가 📷 사진 및 동영상
을 촬영할 수 있도록 '허용'을 터치합
니다.

스마트폰에 설치된 카메라로 사진을
찍습니다.

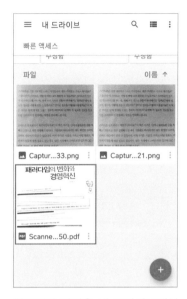

☑️을 터치합니다.

업로드된 파일을 내 드라이브에서
확인할 수 있습니다.

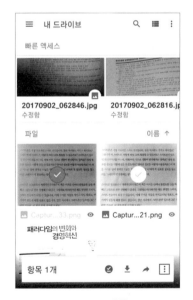

사진을 길게 터치하면 ☑️ 표시가 나타나며 ⋮을 터치하면 사진을 공유하거나 삭제할 수 있습니다.

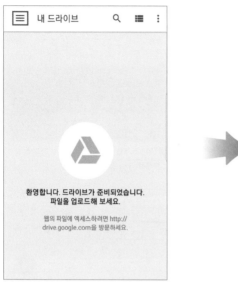

≡ 메뉴를 터치하고 ✿ 설정 메뉴를 열어줍니다.

설정에서 '구글 포토 자동 추가'를 활
성화합니다. 구글 포토 자동 추가가
활성화되면 내 드라이브에서 구글포
토가 자동으로 추가됩니다.

✿ 구글 포토를 실행하고 ≡ 메뉴
버튼을 터치합니다.

✿ 설정을 터치하고 구글 드라이브를 활성화합니다. 구글 드라이브가 활성화되면 구글 포토에서 구글 드라이브 사진과 동영상이 표시됩니다.

▶ 사진을 변경 또는 삭제할 때 나타나는 결과[4]

❶ Google 포토에서 사진을 수정하면 변경사항이 Google 드라이브에 표시되지 않습니다.

❷ Google 포토에서 사진을 삭제하면 Google 드라이브에서도 사진이 삭제됩니다.

❸ Google 드라이브에서 사진을 삭제하면 Google 포토에서도 사진이 삭제됩니다.

▶ 내 드라이브의 Google 포토 폴더에서 삭제하는 경우

❶ 개별 사진이나 동영상을 삭제하면 Google 포토에서도 삭제됩니다.

❷ 폴더(Google 포토 폴더 포함)를 삭제해도 사진과 동영상이 Google 포토에

---

4 https://support.google.com/drive/answer/6156103?hl=ko&co=GENIE.Platform=Android
구글 드라이브 홈페이지

서 삭제되지 않습니다. 실수로 모든 사진과 동영상을 삭제하지 않기 위한 것입니다.

❸ Google 포토 폴더의 사진을 다른 폴더로 이동한 후 삭제하면 Google 포토에서도 삭제됩니다.

📱 PC 구글 드라이브 사용하기

PC에서 🌐 크롬을 실행하고 좌측 상단 앱을 터치합니다.

🔺을 클릭합니다.

가입한 이메일과 비밀번호를 입력하여 로그인합니다.

로그인 후 스마트폰으로 올린 문서, 사진, 동영상을 확인할 수 있습니다.

네이버 검색으로 구글 드라이브 활용하기

Google Drive   www.google.co.kr/intl/ko/drive ⊕ 번역보기
다운로드 · 사용하기 · 도움말 · 업무용
구글 개인용 클라우드 스토리지 서비스, 주요 기능, 홍보 동영상 등 소개.

❶ 네이버 웹을 열고 구글 드라이브를 입력합니다.
❷ 구글 드라이브 사이트에 접속 후 로그인을 합니다.
❸ 스마트폰으로 올린 문서, 사진, 동영상을 확인할 수 있습니다.

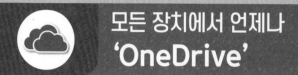

모든 장치에서 언제나 'OneDrive'

어디에서나 스마트폰, 태블릿 또는 컴퓨터로 작업을 이어서 수행할 수 있고 모든 변경 내용은 모든 장치에서 업데이트됩니다. 장치에 이상이 생기더라도 파일이나 사진이 OneDrive에 있으므로 잃어버릴 염려가 없습니다.[5]

❶ 모바일 원드라이브 사용하기

▶ Play 스토어 앱을 열고 검색창에 원드라이브를 입력하고 Microsoft OneDrive 를 터치합니다.

'설치' 버튼을 터치하여 원드라이브 앱을 설치합니다.

---

5 OneDrive 공식 홈페이지(https://onedrive.live.com/about/ko-kr/)

원드라이브 앱이 설치되면 '열기' 버튼을 터치하여 원드라이브 앱을 실행합니다.

계정이 있다면 로그인하고 계정이 없다면 계정 만들기를 터치합니다.

사용하는 이메일을 계정으로 사용합니다. 사용하는 이메일로 계정을 만들고 싶지 않다면 '전화 번호 대신 사용'을 터치합니다. 프리미엄(유료)으로 업그레이드를 원하면 '프리미엄으로 업그레이드'를 터치합니다.

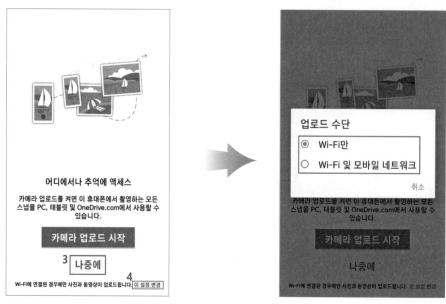

스마트폰에 있는 모든 파일을 원드라이브로 업로드하고 싶다면 '카메라 업로드 시작'을 터치하고, 원하는 파일만 올리려면 '나중에'를 터치합니다. Wi-Fi 및 모바일 네트워크 환경에서 업로드를 원한다면 '이 설정 변경'을 터치하여 설정할 수 있습니다.

'메뉴' 버튼을 터치하면 다양한 방법으로 문서, 사진 파일을 관리할 수 있습니다.

⚙ 설정을 터치하여 '카메라 업로드'를 터치합니다.

카메라 업로드를 활성화하면 파일을 자동으로 업로드
합니다. 원하지 않는다면 비활성화 상태로 그대로 두면
됩니다.

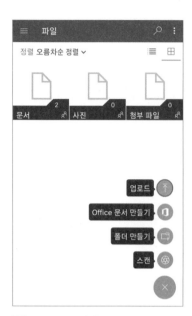

➕을 터치한 후 ⬆업로드를 터치합니다.

업로드할 파일을 길게 터치하면 ✅ 체크 표시가 나타나며 '열기' 버튼을 터치하면 업로드가 됩니다.

업로드된 파일을 '파일' 메뉴에서 확인할 수 있습니다.

사진을 터치하면 🔗 공유 🗔 이동 ⬇ 저장 🗑 삭제 ⓘ 세부 정보 확인이 가능합니다.

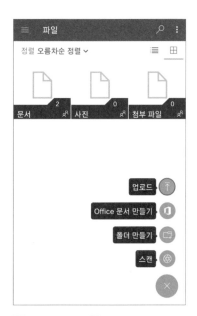

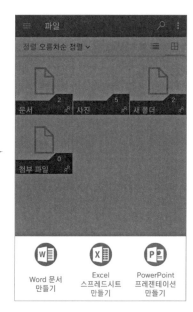

➕를 터치한 후 **①** office 문서 만들기를 터치합니다.

Word, Excel, Powerpoint를 사용하여 문서를 만들 수 있습니다.

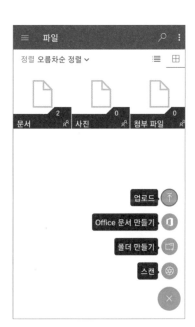

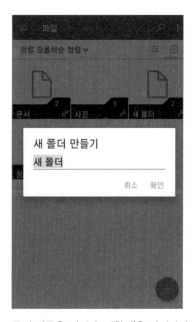

➕를 터치한 후 ▣ 폴더 만들기를 터치합니다.

폴더 이름을 지정하고 '확인'을 터치하면 새 폴더를 만들 수 있습니다.

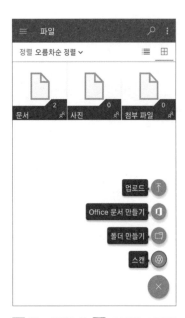

➕를 터치한 후 💮 스캔을 터치하면 스캔하여 업로드 할 수 있습니다.

원드라이브가 📁 사진, 미디어, 파일을 사용할 수 있도록 '허용'을 터치합니다.

원드라이브가 📷 사진 및 동영상 촬영을 할 수 있도록 '허용'을 터치합니다.

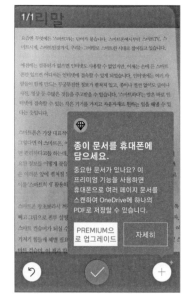

카메라로 촬영을 한 후 ✅ 체크 표시를 터치하면 업로드가 진행됩니다.

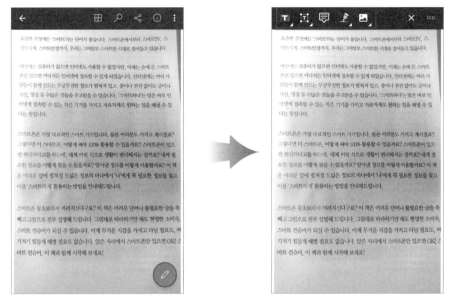

업로드된 파일을 '파일' 메뉴에서 확인할 수 있습니다. 을 터치하면 업로드한 파일을 수정할 수 있습니다.

📱 PC 원드라이브 사용하기

PC 화면에서 🌐 크롬을 클릭하여 원드라이브를 검색하고 원드라이브 홈페이지에 들어갑니다.

계정이 없다면 '무료 가입'을 클릭하고 계정이 있다면 우측 상단의 '로그인'을 클릭하여 로그인합니다.

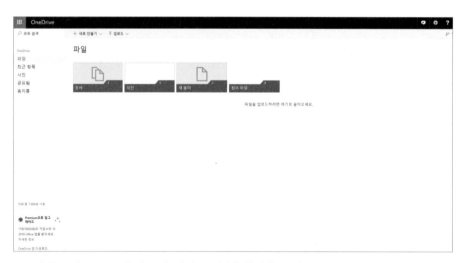

로그인 후 스마트폰으로 올린 문서, 사진, 동영상을 확인할 수 있습니다.

📱 '클라우드'는 구름?

손오공은 근두운이라는 구름을 타고 날아다니며 여의봉을 휘둘렀습니다. '클라우드'는 '구름'입니다. 그런데 무슨 구름일까요? 하늘을 덮은 구름, 어디에나 비를 내릴 수 있는 구름입니다. 이 세상 어디를 가도 우리는 하늘과 구름 아래에 있습니다. 이는 바로 어디에서도 통신망에 접속할 수 있다는 것을 이르는 말입니다.

클라우드 서비스란 인터넷상에 자료를 저장해 두고, 사용자가 필요한 자료나 프로그램을 자신의 컴퓨터에 설치하지 않고도 인터넷 접속을 통해 언제 어디서나 이용할 수 있는 서비스를 말합니다. 인터넷 뱅킹에 접속하면 보안 프로그램이 내려와 설치되는데, 이때 키보드(자판기)의 누름을 제3자가 보지 못하게 막는 프로그램, 암호 프로그램, 보안 백신도 설치됩니다. 그러고는 뱅킹 프로그램이 끝나면 사라집니다.

출장을 가도 컴퓨터나 메모리를 가져갈 필요 없이 인터넷에 접속하여 데이터를 내려 받아 사용하고 저장하면 됩니다. 이는 메모리를 포함한 통신망과 정보처리 기기의 비용이 저렴해져서 포털이나 통신사업자가 고객들에게 무료 또는 저렴하게 메모리와 계정 등을 제공하기 때문입니다. 빠른 통신망에 접속해서 남의 프로그램으로 내 데이터를 처리하고 업무를 볼 수 있다면 누가 돈 들여 장비를 사고 힘들여 관리할까요? 그럴 필요가 없어진 것입니다. 통신사업자는 많은 이용자를 확보해서 다른 보상을 받으면 되는 것입니다.

세계 여행을 하려면 비행기를 타야 합니다. 그런데 세계 여행을 하기 위해 내가 공항을 건설하고 비행기를 구입하며 조종사를 고용하는 것이 가능할까요? 누군가가 제공하는 공항과 비행 서비스를 설치비에 비해 아주 저렴한 사용료로 이용하는 것, 이것이 바로 클라우드 서비스를 설명하는 말입니다. 우리는 놀라운 클라우드 세상에 살고 있습니다.

신문, 잡지, 기사 읽어주는 비서

- 모든 것을 기억하는 제2의 뇌(AI) '에버노트'
- 음성을 텍스트로 'Speechnotes'
- 나를 대신하여 글을 읽어주는 'Talk FREE'

* 전 창원지방 법원장, 부산지방 법원장을 거쳐 서울법원 도서관장을 역임하신 강민구 부장 판사님께서 '4차 산업혁명의 길목에서'라는 강의에서 강조했던 에버노트와 토크프리, 이 시대 최고의 다이어리와 최고의 글 읽어주는 비서입니다.

모든 것을 기억하는 제2의 뇌(AI)
'에버노트'

언제 어디서나 노트를 캡처하고 공유할 수 있습니다. 또한 업무를 정리하고 중요한 모든 자료를 한곳에 모을 수 있으며, 필요할 때 빠르게 찾아볼 수 있습니다. 최고의 아이디어와 일상생활의 일들을 기록할 수 있습니다.[1]

❶ 모바일 에버노트 사용하기

▶ Play 스토어 앱을 열고 검색창에 에버노트를 입력하고 ![에버노트](Evernote - 자료를 정리하세요.)를 터치합니다.

'설치' 버튼을 터치하여 에버노트 앱이 설치되면 '열기' 버튼을 터치하여 에버노트를 실행합니다.

---

1 에버노트 공식 홈페이지(https://evernote.com/intl/ko/)

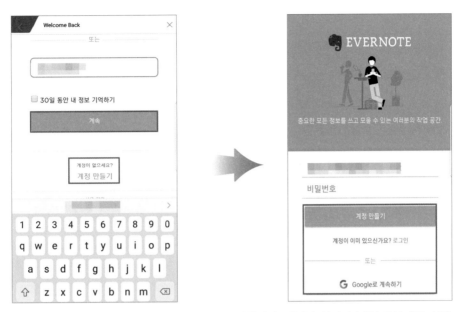

에버노트 계정이 있다면 '계속'을 터치하여 로그인합니다. 계정이 없다면 '계정 만들기'를 선택하여 계정을 만들 수 있으며, 구글로 계정을 만들려면 '구글로 계속하기'를 선택하여 계정을 만듭니다.

➕ 버튼을 터치하면 텍스트, 카메라, 손글씨 등 원하는 방법으로 입력하여 에버노트를 활용할 수 있습니다.

텍스트 노트 아이콘을 터치하면 키보드로 메모 내용을 입력할 수 있으며 ✓ 아이콘을 터치하면 저장을 할 수 있습니다. ✓ 아이콘을 터치하지 않아도 뒤로 나가거나 종료하여도 자동으로 저장됩니다.

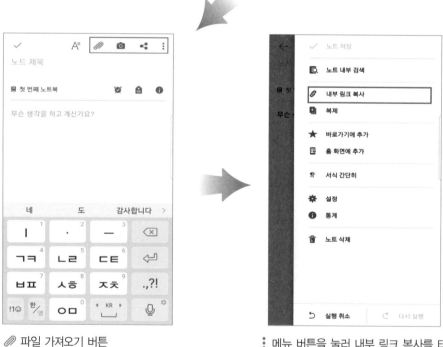

📎 파일 가져오기 버튼
📷 사진을 찍기 버튼 ◁ 공유 버튼

⋮ 메뉴 버튼을 눌러 내부 링크 복사를 터치하면 메모 내용을 공유할 수 있습니다.

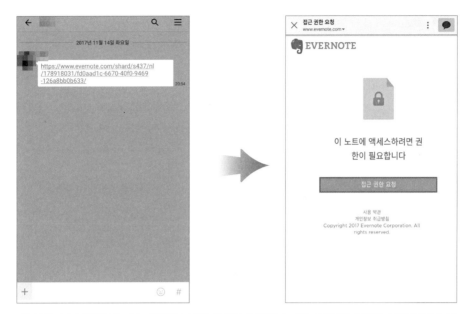

내부 링크로 복사한 링크를 카톡이나 문자 등으로 공유할 수 있고 공유한 내용을 열어 보려면 에버노트 계정이 필요합니다. 에버노트 로그인 후 접근 권한 요청을 통해 공유자가 공유하는 파일을 열어 볼 수 있습니다.

공유자는 접근 권한을 받으면 에버노트 계정 메일을 통해 접근 권한 허용을 할 수 있습니다. '권한으로 이동'을 터치합니다.

접근 권한 허용을 위해 에버노트 계정으로 로그인한 후, 공유하려는 내용의 접근 권한 허용을 선택합니다.

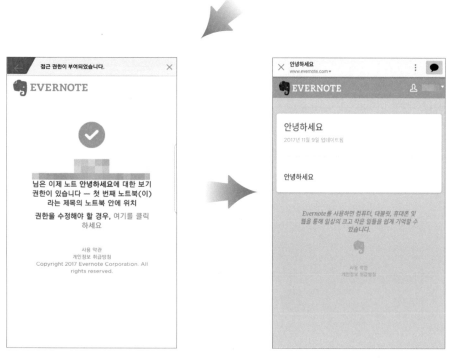

접근 권한이 허용되면 공유한 내용을 상대방이 볼 수 있습니다.

 '카메라' 아이콘을 터치하여 문서, 영수증 등을 스캔하여 저장할 수 있습니다.

 사진 및 동영상 촬영을 위해 접근 권한 '허용'을 터치합니다.

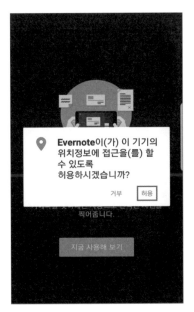

 '위치정보 접근에 대한 허용'을 터치하고 스캔하여 저장하려는 문서나 영수증 등을 촬영하여 저장합니다.

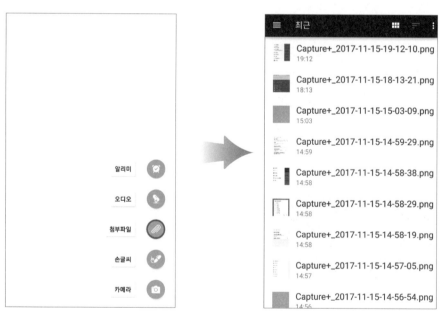

✏️ '손글씨 쓰기'를 사용하여 키보드 없이 입력하고자 하는 내용을 손으로 쓰듯이 입력할 수 있습니다.

📎 첨부 파일을 선택하여 첨부하고자 하는 내용을 에버노트에 메모하듯이 저장할 수 있습니다.

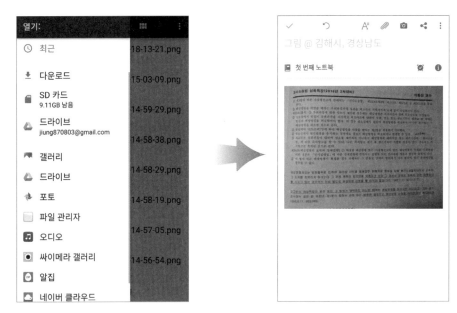

≡ '메뉴' 버튼을 터치하고 첨부하려는 파일을 선택하여 파일을 첨부하고 저장합니다.

✍ 오디오를 통해 음성으로 입력할 수 있습니다. 에버노트 음성기능을 사용하려면 '허용'을 눌러주세요.

음성으로 메모 내용을 입력하고 들을 수 있습니다.

스크랩하고자 하는 기사가 있다면 를 터치하여 에버노트 앱을 선택합니다. 에버노트에 기사를 스크랩하고 에버노트 메인 화면에서 스크랩한 내용을 확인할 수 있습니다.

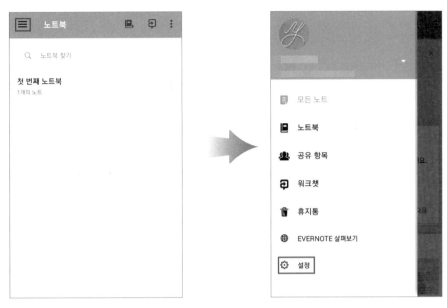

![메뉴]🗹 메뉴 버튼을 터치하여 설정을 통해 구글 계정과 연결할 수 있습니다.

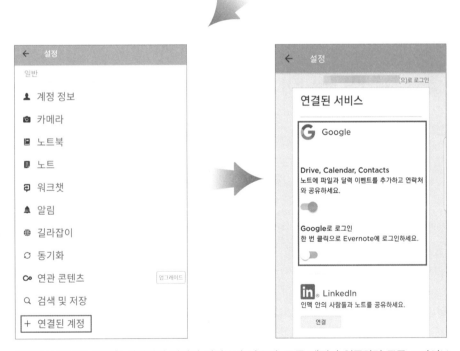

설정에서 연결된 계정을 선택하면 연결된 서비스가 나오며, 구글 계정과 연동하면 구글 드라이브, 캘린더 등을 사용할 수 있습니다.

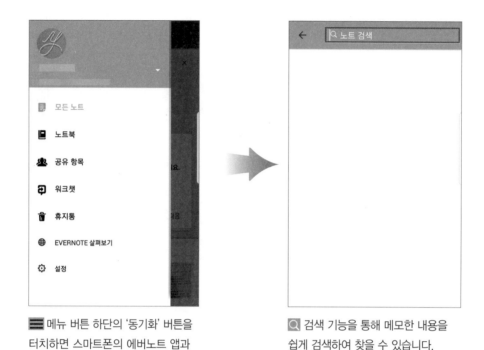

≡ 메뉴 버튼 하단의 '동기화' 버튼을
터치하면 스마트폰의 에버노트 앱과
PC의 에버노트가 동기화됩니다.

🔍 검색 기능을 통해 메모한 내용을
쉽게 검색하여 찾을 수 있습니다.

❷ PC 에버노트 사용하기

🌐 크롬을 PC에서 실행합니다 → ⠿ 앱을 마우스로 클릭합니다. → 🔴 웹 스토어를 클릭합니다.

에버노트를 검색합니다.

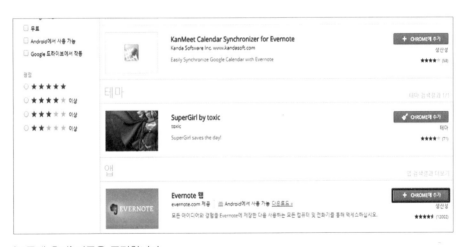

'크롬에 추가' 버튼을 클릭합니다.

에버노트 앱이 크롬에 생성되면 에버노트 웹을 클릭합니다.

에버노트 계정으로 로그인하면
PC에서 에버노트를 스마트폰과
같이 활용할 수 있습니다.

검색창에 에버노트를 검색하고 에버노트 홈페이지를 통해
서도 에버노트를 사용할 수 있습니다.

음성을 텍스트로
'Speechnotes'

나의 삶을 한 권의 책으로 만들어 봅시다.

떠오르는 생각이나 자주 사용되는 텍스트를 번거롭게 입력할 필요 없이 음성 인식을 통해 간단하고 빠르게 구글 음성 인식을 이용하여 음성으로 입력할 수 있습니다. 회의 내용이나 각종 세미나, 포럼, 대화 등을 즉시 텍스트로 기록하고 저장할 수 있습니다.

『스마트폰 100배 활용하기』 도서를 활용하는 당신도 이제 작가, 저자가 될 수 있습니다.

▶ Play 스토어 앱을 열고 검색창에 스피치노트를 입력하고 Speechnotes - 음성을 텍스트로 을 터치합니다.

'설치' 버튼을 터치하여 스피치노트 앱을 설치합니다.

설치된 스피치노트 앱을 '열기' 버튼을
터치하여 실행합니다.

🎤 마이크 아이콘[2]의 권한 허용 부분
을 터치합니다.

🎤 음성 버튼을 터치하여 메모하고자 하는 내용을 말합니다. 음성으로 입력한 메모 내용을 수정
하려면 수정하고자 하는 지점을 터치하여 키보드로 수정할 수 있습니다.

---

2 마이크: 음성 번역에 필요합니다.

> 메모한 내용을 텍스트로 보내고자 하는 앱으로 보낼 수 있습니다.

새로운 메모장을 추가할 수 있습니다.

저장하거나 메모의 이름을 수정할 수 있으며 언어를 바꿀 수 있습니다.

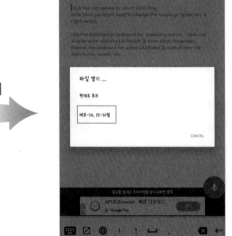

■ 메뉴를 열어줍니다.

저장한 메모장을 다시 불러올 수 있습니다.

1

4

2, 3

PDF 파일로 인쇄하거나 SD 카드로 파일을 보내기 위해서는 유료 버전으로 업그레이드가 필요하므로 '취소' 버튼을 터치합니다.

글꼴의 크기 및 글꼴을 변경할 수 있습니다.

나를 대신하여 글을 읽어주는
'Talk FREE'

텍스트 파일만 있으면 오디오북처럼 활용할 수 있고, 스마트폰을 블루투스 스피커나 음향 시스템과 연결하여 긴 뉴스도 눈을 혹사하지 않고 아주 편하게 청취할 수 있습니다.

▶ Play 스토어 앱을 열고 검색창에 토크프리를 입력하고 🔊 Talk - Text to Voice FREE 을 터치합니다.

'설치' 버튼을 터치하여 토크프리 앱을 설치합니다.

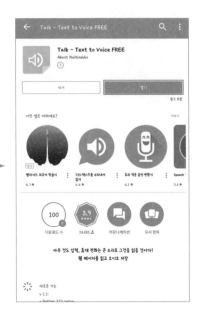

사진/영상/파일에 대한 접근 권한 허용 여부에 대해 '동의' 버튼을 터치합니다.

설치된 토크프리 앱을 '열기' 버튼을 터치하여 실행합니다.

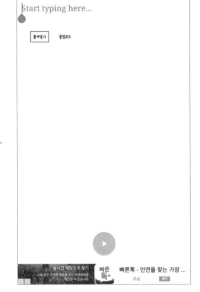

➕ 버튼을 터치하여 입력하고자 하는 내용을 입력하거나 화면을 길게 터치하여 원하는 내용을 붙여넣기 할 수 있습니다.

소송법」에 따른 행정소송을 기기할 수 있다•
●송을 체기한 경우에는 그 재결 또는 판결에 따른
심의회의 보상결정이 송달(케4항의 심판을
청구하거나 심의회의 보상결정이 송달된 따를
말한다)된 후 2년 이내에 보상금 지급청구를 하지
아니할 때에는 그 권리
게29조(준용규정) Ⓐ 피의자보상에 대하여 이
장에 특별한 규정이 있는 경우를 제외하고는 그
성질에 반하지 아니하는 범위에서 부회기만을
받아 하경원 사건이 피고인에 대한 보상에 관한 이
장의 규정을 준용한다.
[11 형사보살법 체3조 체2호새U위하여새찍PI-
되새철구의 적부 또늑 월부를 기각하기 위해서는
= 본인이 단순히그는 허위의 치백* 하거니
豐특고다우최다豐21- 만드는 기만으로" 족하고
본인에게• 한 목적•이 있(거(기 한C). 여기서
'수사 또는 심만을 그르질 목적'은 헌법 제28조가
보장하는 형사보상청구권을

체한6十는 (제외적던 사유임을 감안할 때
신중하게 인정하여야 하고, 형사보상청구권을
제한하고자 하는 측에 〔치여한 한나」.
수시기관의 추궁과 수〔 등에 비추어 볼 때
보이이 버해을 보이하였D 형사처법을 면하 기

제51조(이송) 소년부는 제50조에 따라 송치받은
사건을 조사 또는 심리한 결과 사건의 본인이 19세
이상인 것 으로 밝혀지면 결정으로써 송치한
법원에 사건을 다시 이송하여야 한다.
제48조(준거법례) 소년에 대한 형사사건에
관하여는 이 법에 특별한 규정이 없으면 일반
형사사건의 예에 따른다. 제55조(구속영장의
제한) Ⓐ 소년에 대한 구속영장은 부득이한 경우가
아니면 발부하지 못한다.
@ 소년을 구속하는 경우에는 특별한 사정이
없으면 다른 피의자나 피고인과 분리하여
수용하여야 한다.

제53조(보호처분의 효력) 제32조의 보호처분을
받은 소년에 대하여는 그 심리가 결정된 사건은
다시 공소를 제 기하거나 소년부에 송치할 수 없다.
다만, 제38조제1항제1호의 경우에는 공소를
제기할 수 있다. 제38조(보호처분의 취소) Ⓐ
보호처분이 계속 중일 때에 사건 본인이 처분 당시
19세 이상인 것으로 밝혀진 경 우에는 소년부

입력한 내용은 ▶ 재생 버튼을 터치하면 음성으로 책을 읽어주듯이 들을 수 있으며 ❚❚을 터치
하여 멈추게 할 수 있습니다

❚❚을 터치하면 옵션 항목으로 이동할
수 있습니다.

TTS Setting 항목에서 읽어주기 속도,
음성 높낮이를 조정할 수 있습니다.

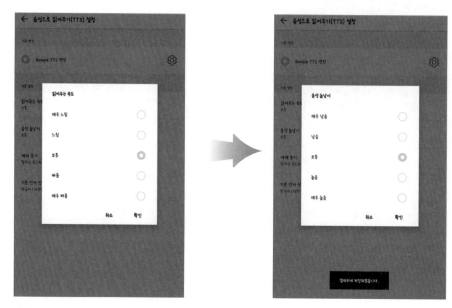

읽어주기 속도와 음성 높낮이를 설정할 수 있습니다.

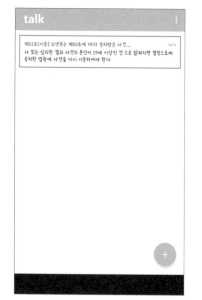

최근 기록을 첫 화면에서 확인할 수 있습니다.

나를 대신하여 글을 읽어주는 기능은 최근 온라인 신문이나 웹 신문 등의 상단에 '본문 듣기'라는 아이콘을 클릭하시면 온라인 신문 등을 원하는 속도, 원하는 남녀의 음성으로 직접 들을 수 있습니다.

모바일 스캐너
'CamScanner'

어디에 있더라도 카메라로 촬영하면 캠스캐너가 중요 문서나 주민등록증 등 자료를 스캔하고 자동으로 자르며 이미지를 강화하여 스마트폰에 저장하여 사용할 수 있습니다.

▶ Play 스토어 앱을 열고 검색창에 캠스캐너를 입력합니다.

을 터치합니다.

'설치' 버튼을 터치하여 캠스캐너 앱을 설치합니다.

설치된 캠스캐너 앱을 '열기' 버튼으로
실행합니다.

가입하지 않고 로그인하지 않아도 바로
사용 가능합니다. '바로 사용' 버튼을 터
치합니다.

사진 미디어 파일을 사용할 수 있
도록 '허용' 버튼을 터치합니다.

을 터치하면 사진을 선택할 수 있고
새 폴더를 만들 수 있습니다.

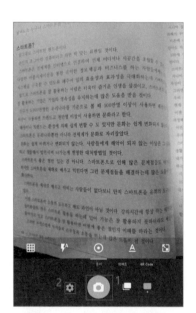

[image icon] '스캔하기'를 누르면 사진을 찍을 수 있으며 [image icon] 카메라 아이콘[1]의 권한 '허용'을 터치하여 사진 및 동영상 촬영을 할 수 있도록 허용합니다.

① [image icon] 을 터치하여 사진을 찍어 줍니다.
② [image icon] 옵션 항목 – [image icon] 격자 [image icon] 플래시
    [image icon] 가로 · 세로 [image icon] 화질

[image icon] 을 터치하면 편집 결과를 확정할 수 있습니다.

---

1 카메라: 이미지 번역을 이용할 수 있습니다.

을 통해 회전이 가능합니다.

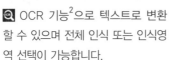

 OCR 기능[2]으로 텍스트로 변환할 수 있으며 전체 인식 또는 인식영역 선택이 가능합니다.

인식된 텍스트 내용을 편집할 수 있습니다.

---

2 OCR 기능: 문자 인식 기능으로 사진에 적힌 글자를 텍스트로 내보낼 수 있습니다.

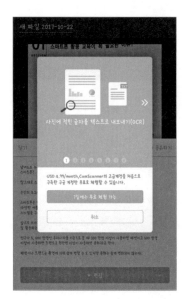

편집기는 유료 사용자에 한해 사용
가능하며 유료 사용을 원하지 않으
면 취소를 터치합니다. (7일 무료 사
용 가능)

3

4

 을 통해 밝기를 조절할 수 있습
니다.

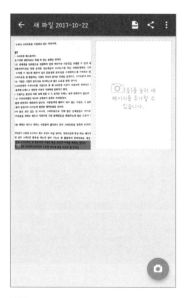

 저장된 결과를 확인할 수 있습
니다.

저장된 파일 선택 후

 메모 기능을 사용할 수 있습니다.

 손글씨 메모를 추가할 수 있으며 손글씨 메모는 추가 앱을 설치해야 가능합니다.

워터마크[3]를 추가할 수 있습니다.

---

3 워터마크: 지폐나 컴퓨터 등의 분야에서 불법복제를 막기 위해 개발된 복제방지 기술.
  http://terms.naver.com/entry.nhn?docId=1219769&cid=40942&categoryId=32828(지식백과)

저장된 결과를 길게 터치하면 갤러
리에 저장되며 삭제, 공유 또한 가
능합니다.

보내고자 하는 앱에 결과값을 보내
공유할 수 있습니다.

주머니 속 스캐너
'Office Lens'

화이트보드나 칠판에 적힌 메모를 디지털화하고 화이트보드 및 문서의 사진을 자르고 개선하여 읽게 쉽게 만드는 기능을 합니다. Office Lens를 사용하면 이미지를 PDF, Word 및 PowerPoint 파일로 변환할 수 있으며, OneNote 또는 OneDrive에 이미지를 저장하여 활용할 수 있습니다.[4]

▶ Play 스토어 앱을 열고 검색창에 오피스 렌즈를 입력하고 를 터치합니다.

---

4 Microsoft Store의 설명 참조. https://www.microsoft.com/ko-kr/store/p/office-lens/ 9wzdncrfj3t8?rtc=1#system-requirements

'설치' 버튼을 터치하여 오피스 렌즈 앱
을 설치합니다.

설치가 완료된 오피스 렌즈 앱을 '열기'
버튼을 눌러 실행합니다.

오피스 렌즈 앱이 실행되면 🖿 사진.
미디어 파일에 대한 접근 권한 허용
여부에 대해 '허용'을 터치합니다.

'오피스 렌즈 사용 시작'을 터치하여
오피스 렌즈 사용을 시작합니다.

📷 카메라 아이콘[5]의 권한 허용 부분
을 터치합니다.

⋮을 터치하면 최근 기록을 볼 수 있
고 사진이나 문서를 가져올 수 있습
니다.

🗋을 터치하면 문서, 화이트보드, 사진, 명함을
선택하여 자신에게 맞는 사진을 찍을 수 있습니다.

---

5 카메라: 카메라를 통한 텍스트 번역에 필요합니다.

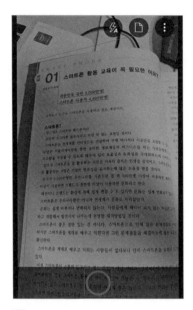

을 터치하여 스캔하고자 하는 문서
나 사진을 찍습니다.

사진을 찍은 후에도 █을 터치하여 원
하는 항목을 선택할 수 있습니다.

█을 터치하여 원하는 부분을 자르고 편집할 수 있습니다.

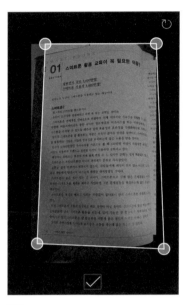

을 터치하면 문서의 방향을 회전시 킬 수 있습니다.

을 터치하여 편집을 완료합니다.

편집이 완료되면 '저장' 버튼을 터치하 여 저장합니다.

제목을 지정할 수 있으며 저장 위치를 선택할 수 있습니다.

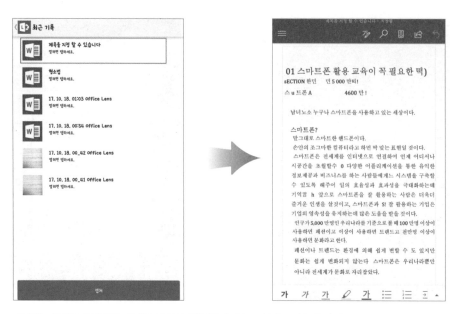

저장한 파일을 터치하면 저장한 내용을 확인할 수 있고 수정도 가능합니다.

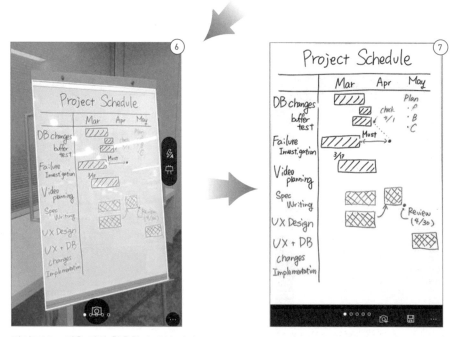

화이트보드 판을 찍어 활용할 수 있습니다.

6 microsoft (https://www.microsoft.com/ko-kr/store/p/office-lens/9wzdncrfj3t8?rtc=1)

7 microsoft (https://www.microsoft.com/ko-kr/store/p/office-lens/9wzdncrfj3t8?rtc=1)

모든 명함 이제 스마트폰 속으로
'리멤버'

> 바쁜 일상 속에서 명함을 받아 즉시 관리하지 않으면 잃어버리는 경우가 많습니다. 그러나 이제 받은 명함을 찍기만 하면 정확히 입력되어 언제 어디서든 손쉽게 검색하실 수 있습니다. 또한 이름, 회사, 부서, 직책 등의 키워드를 통해 언제 어디서나 필요할 때 손쉽게 명함정보를 검색하실 수 있습니다.

- 명함을 찍기만 하면 정확히 입력
- 최신 명함정보 자동 업데이트
- 외부 주소록 저장 및 엑셀 내보내기
- 기업용 서비스(팀명함첩) 제공
- 언제 어디서나 손쉽게 검색
- 전화 수신 시 발신자 명함정보 표시
- 간편한 명함 전달
- 대량명함도 한 방에 처리(이용방법: http://bit.ly/massprocess)

🔲 리멤버의 기기 접근 권한 안내

리멤버 앱은 서비스 운영에 필요한 접근 권한만을 사용하고 있으며, 모든 권한은 사용자의 선택에 따라 허용 여부를 결정할 수 있습니다.

▶ 선택 허용 권한

❶ 카메라　　❷ 주소록　　❸ 사진/미디어/파일　　❹ 전화
❺ 위치정보　　❻ 계정　　❼ SMS

※ 선택적 접근 권한에 동의하지 않아도 서비스 이용이 가능하지만, 해당 권한이 필요한 기능은 이용이 제한될 수 있습니다.

▶ Play 스토어에서 리멤버 앱을 검색
하여 다운받아 '열기'를 터치합니다.

우측 하단 카메라를 클릭하여 카메라
모드에서 명함을 촬영하면 자동 정렬
이 됩니다.

명함을 촬영만 하면 나머지는 날짜별
가나다라 순으로 자동 정렬합니다.

입력된 명함으로 전화 수신시 발신자
명함정보로 표시됩니다.

언제 어디서나 팩스 보내기
'모바일 FAX'

스마트폰으로 팩스문서를 간편하게 송수신한다!! 최강 팩스어플 텔링크 모바일 팩스!!

- 팩스를 보내달라는데 팩스기기가 없다고요? 아직도 관공서에서는 팩스를 보내달라는 곳이 많다고요?? 모바일 팩스를 이용해서 손쉽게 발송하세요!!
- 팩스 서비스를 이용하려면 회원가입이 힘들다고요? 요금을 충전/납부하기 힘들다고요? 간편한 가입 절차와 함께 MMS를 이용한 발송으로 불편함을 해소하세요. MMS를 이용해 발송하므로 스마트폰 요금제에 따라 제공되는 무료 용량 내에서는 무료발송이 가능합니다.
- 팩스를 받아야 하는데 받을 수 없다면, 팩스 수신용 번호를 무료로 제공하는 모바일팩스를 이용하세요!!
- 국제팩스 또한 트래픽이 많은 10개국 모바일팩스를 이용하시면 편리하게 보내실 수 있습니다.

서비스 이용순서

❶ 모바일 팩스 앱 설치
❷ 약관 및 정보이용절차 동의
❸ 0504 FAX용 수신번호 선택
❹ 모바일팩스 송/수신 기능 이용하기

필수적 접근 권한

- 저장공간: 기기 사진, 미디어, 파일 액세스 권한으로 팩스 수 · 발신을 위한 정보(이미지 및 파일 활용)에 사용합니다.
- 연락처(주소록): 연락처(주소록) 액세스 권한으로 연락처 검색을 위해 사용합니다.
- 카메라: 팩스 발신을 위한 정보(사진 촬영 후 파일 첨부)에 사용합니다.
- 전화, 다른 앱 위에 그리기: 통화연결 전/후 화면 및 통화 중 화면 제공을 위해 사용됩니다.
- 시스템 설정 변경: 팩스 발신을 위해 사용됩니다.

위 설명과 같이 모바일 팩스를 설치
후 실행합니다.

받을 사람의 팩스번호 입력 및 파일을
첨부합니다.

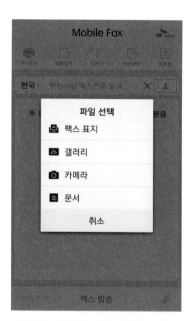

사진 문자 보낼 문서를 선택합니다.

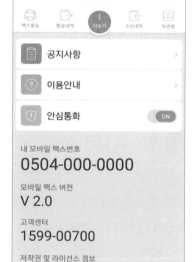

'팩스발송', '더보기', '수신내역' 등을
확인합니다.

CHAPTER

07

내 손안의
교통 정보

'지하철 종결자:
Smarter Subway'

스마트폰을 사용하고 지하철을 이용하는 이용자라면 기다림을 최소화하고 환승 기간을 줄여주는 지하철 앱을 누구나 사용하고 있습니다. 지하철 종결자는 가장 편하고 정확한 지하철 정보를 제공하고 있습니다.

▶ Play 스토어 앱을 열고 검색창에 지하철을 입력합니다.
[지하철 종결자 : Smarter Subway] 을 터치합니다.

'설치' 버튼을 터치하여 지하철 종결자: Smarter Subway 앱을 설치합니다.

위치, 사진, Wi-Fi 연결 정보에 대한
'동의'를 터치합니다.

설치가 완료된 지하철 종결자 앱을
'열기' 버튼을 눌러 실행합니다.

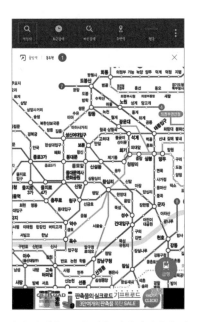

'역 검색'을 통해 역을 검색하거나 출발, 경유, 도착지를 설정할 수 있습니다.

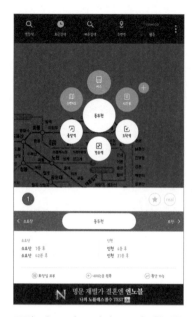

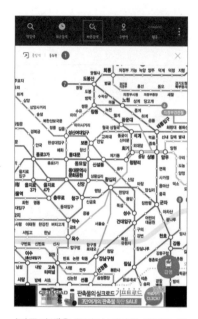

주변 지도, 버스 시간표 등을 확인할 수 있습니다.

'빠른검색'을 통하여 지하철 검색을 빠르게 할 수 있습니다.

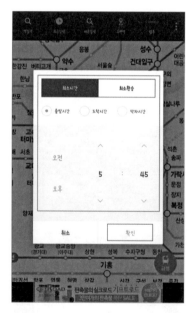

출발, 경유, 도착 지점을 설정할 수 있으며 출발 시간을 선택하여 타고자 하는 역의 지하철 출발 시간을 알 수 있습니다.

 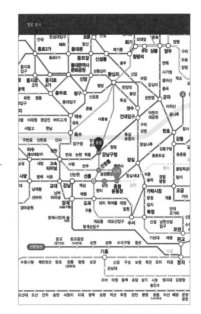

출발지, 도착지, 환승지를 알 수 있으며 도착 예정 시간 또한 알 수 있습니다. '경로 보기'를 통해
정확한 역 정보를 쉽게 알 수 있습니다.

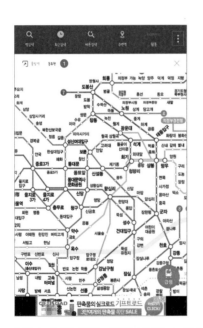 

'메뉴' 버튼을 통해 지역을 설정할 수 있습니다.

코레일 승차권 예약
'코레일톡+'

기차역 매표소나 컴퓨터를 이용하지 않고 기차역으로 이동하면서 스마트폰으로 바로 승차권을 살 수 있는 것은 물론 실시간 열차 지연 정보까지도 알 수 있습니다.

▶ Play 스토어 앱을 열고 검색창에 코레일을 입력합니다.
을 터치합니다.

코레일톡+ 앱 '설치' 버튼을 터치하여 코레일톡+ 앱을 설치합니다.

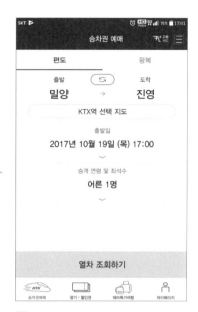

설치된 코레일톡+ 앱을 '열기' 버튼을 터치하여 실행합니다.

☰ 메뉴를 터치하면 승차권 및 승차권·예매 반환 등을 확인할 수 있고 로그인을 할 수 있습니다.

① 회원 가입하기

로그인을 통해 승차권을 구입할 수 있으며, 미등록 고객으로도 가능합니다. 로그인을 하기 위해 '회원가입'을 터치합니다.

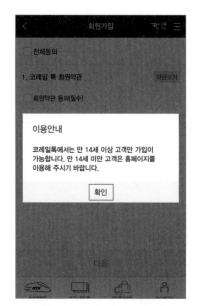

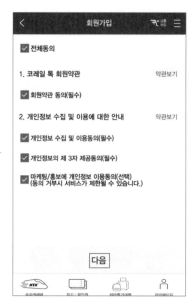

만 14세 이상 고객은 가입이 가능합니다.
'확인'을 터치합니다.

회원약관에 체크하고 '다음'을 터치합
니다. ('필수조건'에 체크)

자신이 가입한 통신사를 선택하고 스마트폰으로 본인 확인을 합니다. 본인 확인 후 비밀번호를
설정하고 '회원가입'을 터치합니다.

② 로그인 상태로 승차권 예매하기

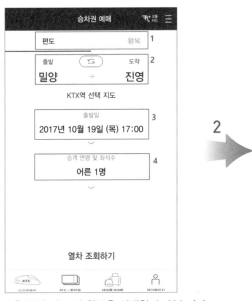

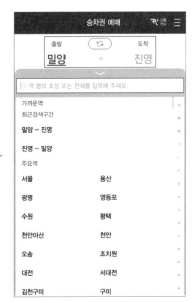

1을 통해 편도 및 왕복을 선택할 수 있습니다.

2를 통해 출발역과 도착역을 설정할 수 있습니다.

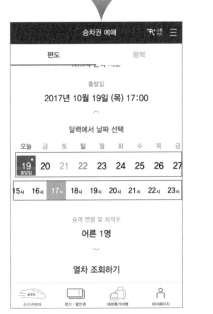

3을 통해 출발일과 시간을 설정할 수 있습니다.

4를 통해 예매하고자 하는 인원을 설정할 수 있습니다.

모든 설정을 마친 후 '열차 조회하기'를 터치하고 타고자 하는 기차를 선택합니다.

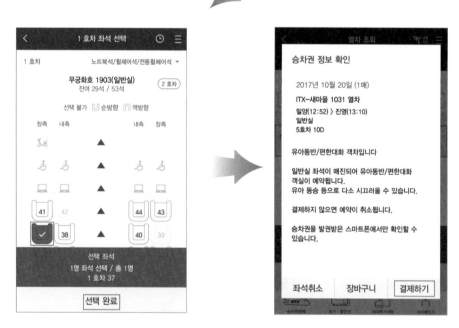

'좌석 선택'을 터치하여 좌석을 선택하고 '선택 완료' 버튼을 터치합니다.

기차와 좌석을 올바르게 지정하였다면 '결제하기' 버튼을 터치하여 결제를 진행합니다.

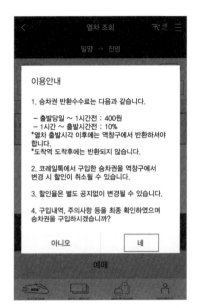

승차권 반환 수수료 공지를 숙지하고
'네'를 터치합니다.

기차 정보를 확인하고 '다음'을 터치하
여 결제를 진행합니다.

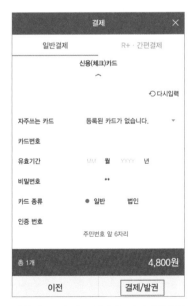

신용카드 정보를 입력하고 '결제/발권'
을 터치합니다.

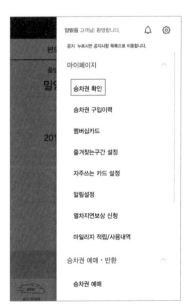

승차권을 확인하기 위하여 '메뉴' 버튼
을 터치합니다.

Chapter 07   내 손안의 교통 정보   165

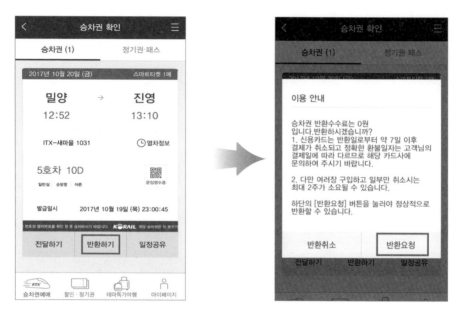

'승차권 확인'을 통해 승차권을 확인할 수 있으며 승차권을 요구할 시 앱의 승차권을 제시하면 됩니다. 승차권을 반환하려면 '반환하기'를 터치하여 반환 요청을 할 수 있습니다.

③ 미등록 고객으로 승차권 예매하기

열차 출발지와 도착지, 출발일과 승객 수를 설정하고 '열차 조회하기'를 터치합니다. 미등록 고객으로 승차권 예매를 하기 위해 '미등록 고객'을 터치합니다.

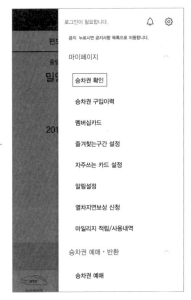

일회용 고객 정보를 입력하고 '확인'을
터치하여 결제를 진행합니다. (승차권
확인에 필요하며 기억하기 쉬운 비밀
번호, 정확한 전화번호를 입력합니다.)

승차권 확인을 위해 '메뉴' 버튼을 눌러
'승차권 확인'을 터치합니다.

기존에 입력한 일회용 정보를 입력하고 승차권을 확인합니다.

최저가 항공권, 호텔, 렌터카 예약
'스카이스캐너'

스카이스캐너는 수백만 개의 항공권 가격을 국내외 항공사와 여행사로부터 비교하여 가장 저렴한 항공권을 쉽고 빠르게 찾을 수 있으며 얼리버드[1] 등의 특가 항공권 또한 검색할 수 있습니다. 또한 전 세계 호텔과 렌터카 가격 비교도 지원하고 있습니다.[2]

▶ Play 스토어 앱을 열고 검색창에 스카이스캐너를 입력하고

![스카이스캐너-항공권,호텔,렌터카 예약] 을 터치합니다.

스카이스캐너 앱 '설치' 버튼을 터치하여 스카이스캐너 앱을 설치합니다.

---

1 얼리버드 항공권: 항공권이나 숙박시설을 남들보다 일찍 예약해 가격과 품질을 동시에 챙기려는 합리적인 소비자를 가리킨다.(네이버 지식백과)
  http://terms.naver.com/entry.nhn?docId=3404691&cid=43667&categoryId=43667
2 스카이스캐너 공식 홈페이지 (https://www.skyscanner.co.kr/)

설치된 스카이스캐너 앱을 '열기' 버튼
을 터치하여 실행합니다.

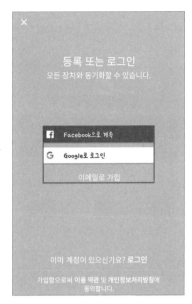

계정을 만들기 위해 이메일, 페이스북,
구글 중 선택하여 계정을 만들고 로그
인합니다.

≡ '메뉴' 버튼을 통해 최근 검색한 내용이 확인 가능하며 내가 찜한 항공권도 확인할 수 있습니다.

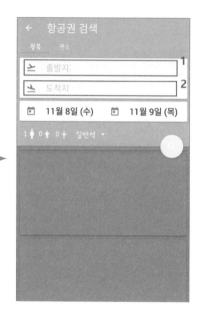

✈ '항공권'을 터치하여 항공권을 검색
하고 항공권을 예매할 수 있습니다.

📍 스카이스캐너 앱이 위치 정보를 사
용할 수 있도록 '허용'을 터치합니다.

항공권 검색을 위해 출발지와 도착지를
입력하여 선택합니다.

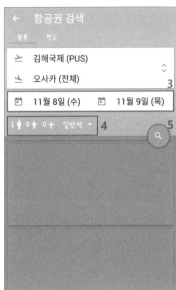

출국 날짜와 입국 날짜를 선택하여 항공
권을 검색할 수 있습니다.

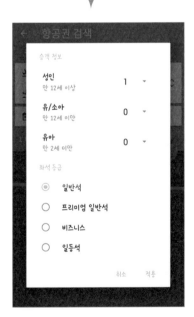

항공권 검색을 위해 승객 정보와 좌석
정보를 설정하여 항공권을 검색할 수
있습니다.

🔍 을 터치하여 항공권을 검색하고, 조
건에 맞는 항공권을 선택합니다.

조건에 맞는 항공권을 터치하면 항공권에 대한 세부 정보를 볼 수 있으며 '상품 확인'을 터치하여 항공권 구매 사이트로 이동할 수 있습니다.

'호텔'을 터치하여 호텔을 검색하고 예약할 수 있습니다.

여행하는 지역, 날짜, 투숙객 인원 등을 설정하고  검색을 터치합니다.

가격을 비교하여 원하는 호텔을 터치합
니다.

자세한 호텔 정보를 볼 수 있으며 지도
를 통해 위치까지 확인할 수 있습니다.
'사이트로 이동'을 터치하여 구매 사이
트로 이동하여 예약할 수 있습니다.

렌터카를 터치하여 렌터카를 예약
할 수 있습니다.

여행하는 지역, 날짜, 운전자 연령 등
을 설정하고 🔍 검색을 터치합니다.

렌트하려는 자동차 가격 등을 비교하여 원하는 자동차를 선택합니다.

자동차의 세부 내용을 확인하고 '사이트로 이동'을 터치하여 렌터카를 예약할 수 있습니다.

스마트폰 안의 티머니
'모바일 티머니'

NFC[3]지원 스마트폰에 티머니 NFC USIM을 장착하여, 대중교통 및 편의점과 같은 오프라인 티머니 가맹점에서 간편하게 사용할 수 있습니다. 또한 PC기반의 온라인 및 모바일상의 APP에서도 간편하고 빠르게 결제할 수 있습니다.[4] 상기의 기능을 활용하시면 지하철 티켓을 구매하지 않고 보증금 없이 스마트폰만으로 전국 모든 대중교통을 활용할 수 있습니다. 하나씩 따라 해 봅시다.

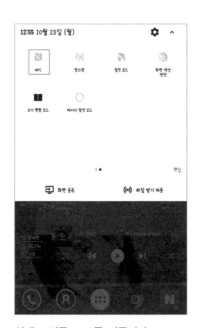

상태 표시줄 NFC를 켜줍니다.

NFC 설정이 켜져야 모바일에서 티머니를 사용할 수 있습니다.

---

3 NFC: 무선태그(RFID) 기술 중 하나로 13.56 MHz의 주파수 대역을 사용하는 비접촉식 통신 기술 (네이버 지식백과) http://terms.naver.com/entry.nhn?docId=932835&cid=43667&categoryId=43667
4 티머니 공식 홈페이지 (https://www.t-money.co.kr/ncs/pct/mblTmny/ReadMblTmnyGd.dev)

▶ Play 스토어 앱을 열고 검색창에 티
머니를 입력합니다.

'설치' 버튼을 터치하여 모바일 티머니
앱을 설치합니다.

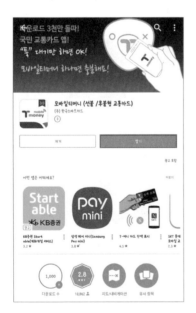

설치가 완료된 모바일 티머니 앱의 '열
기' 버튼을 눌러 실행합니다.

모바일 티머니 필수 접근권한인 전화,
저장 공간, 주소록 동의를 위해 '다음'
을 터치합니다.

📞 전화 발신 및 통화 설정 '허용'을
터치합니다.

🗂 사진, 미디어 파일 사용을 위해 '허
용' 버튼을 터치합니다.

👤 주소록 사용을 위해 '허용'에 터치
합니다.

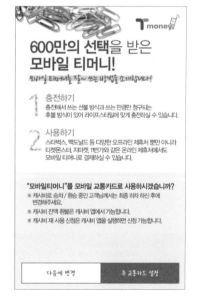

주 교통카드 설정을 원하면 주 교통카
드에 터치합니다. 원하지 않는다면
'다음에 변경'을 터치합니다.

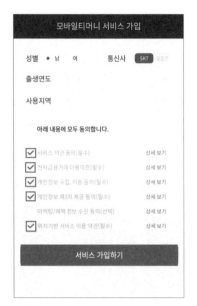

출생연도와 사용 지역을 설정하고 '약관에 동의' 체크 후 '서비스 가입하기'에 터치합니다.

티머니 카드 발급을 위해 '확인'을 터치합니다.

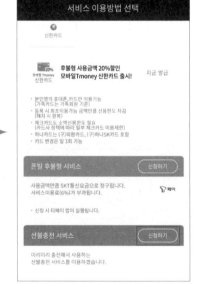

신용카드 후불형 서비스와 선불 충전 서비스를 선택하여 신청할 수 있습니다.

'시작하기'를 터치합니다.

메인 화면에서 티머니 잔액을 확인할 수 있습니다.

메뉴를 통해 사용 내역 등을 확인할 수 있습니다.

'충전' 버튼을 통해 충전 수단을 선택할 수 있습니다.

나들이 가기 전 교통 상황 알아보기
'국가교통정보센터'

나들이 가기 전 고속도로와 국토의 교통 상황을 확인하고, 고속도로 나들목 T/G, 실시간 CCTV 등 미리 도로 상황을 알고 집을 나서면 정체 구간, 사고 구간 등을 피할 수 있어 즐거운 나들이뿐만 아니라 운전자의 피로감을 줄일 수 있습니다.

터치

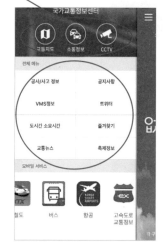

이 부분을 터치하면 원하는 교통 상황을 실시간으로 볼 수 있습니다. (단, CCTV는 약간의 시차가 있습니다.)

카카오 버스 &
카카오 택시

카카오 버스는 57개 지역의 실시간 버스 도착 정보를 제공하고 있습니다. 내 위치에서 가장 가까운 정류장을 지도에서 찾을 수 있고 매일 이용하는 출퇴근 길은 물론 낯선 길도 쉽게 알 수 있습니다.[5] 또한 언제 어디서나 택시가 필요할 땐 카카오 T택시를 사용하여 쉽게 택시를 부를 수 있습니다.[6]

❶ 카카오 버스

▶ Play 스토어 앱을 열고 카카오 버스를 입력하고 [◎] 를 터치합니다.

'설치' 버튼을 터치하여 카카오 버스 앱을 설치합니다.

---

5 https://map.kakao.com/info/kakao_bus
6 https://www.kakaocorp.com/service/KakaoT?lang=ko

설치가 완료된 카카오 버스 앱의 '열기' 버튼을 눌러 실행하고 '시작하기' 버튼을 터치합니다.

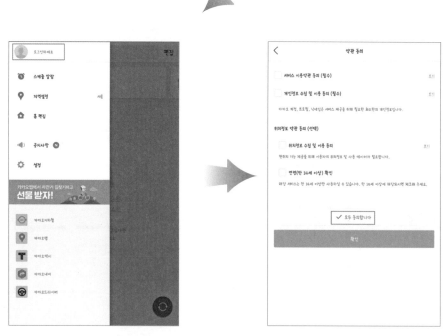

카카오 계정으로 로그인할 수 있으면 약관의 '동의' 버튼을 체크하여 '확인'을 터치합니다.

카카오 버스 위치 정보사용을 위해
📍 위치 정보 접근 권한 허용에 터치
합니다.

☰ 메뉴 버튼을 터치합니다.

스케줄 알람을 통해 원하는 시간에 버
스 도착 알람을 받아 볼 수 있습니다.

지역을 설정할 수 있습니다.

검색창을 통해 버스 또는 정류장을 검
색할 수 있습니다.

버스 번호를 검색하면 해당 지역의 버
스를 찾을 수 있습니다.

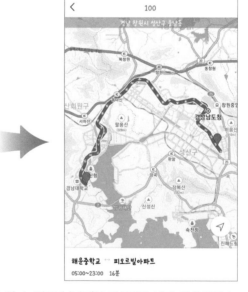

버스 번호를 선택하면 해당 버스의 정류장을 알 수 있으며 '지도'를 터치하면 보다 쉽게 해당 노
선을 알 수 있습니다.

버스 출발지를 선택하고 버스가 하차하는 곳의 🕐알람 버튼을 선택하면 버스 방송을 듣지 않더라도 하차하기 전 알람을 받을 수 있습니다.

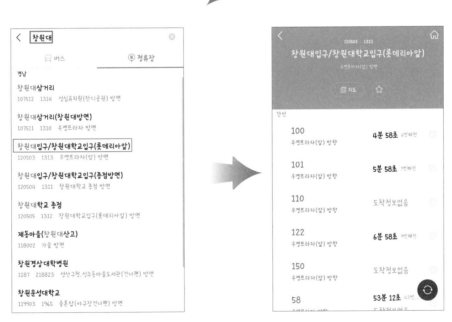

정류장을 검색할 수 있고 원하는 정류장의 버스 정보를 받을 수 있습니다.

정류장의 지도를 선택하면 정류장의 위치를 쉽게 찾을 수 있어 처음 가는 곳에서 유용하게 활용할 수 있습니다.

② 카카오 택시

▶ Play 스토어 앱을 열고 카카오 택시를 입력하고 [카카오 T - 택시, 대리운전, 주차, 내비]를 터치합니다.

'설치' 버튼을 터치하여 카카오 택시 앱을 설치합니다.

카카오 택시 앱이 설치되면 '열기' 버튼을 터치하여 앱을 실행합니다.

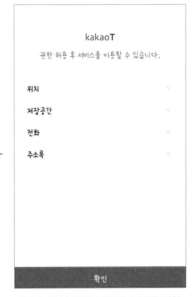

카카오 택시 앱을 사용하기 위해 권한 허용에 대해 '확인'을 터치합니다.

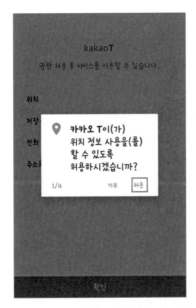

📍 위치 정보 사용을 위해 위치 정보 사용 접근 권한에 대한 '허용'을 터치합니다.

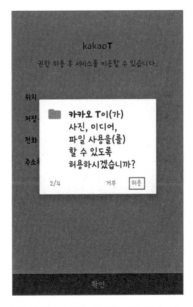

📁 사진, 미디어, 파일을 사용하기 위해 '허용'을 터치합니다.

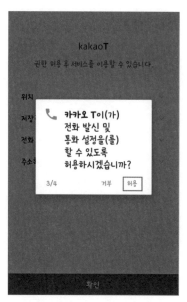

📞 전화 발신 및 통화 설정을 위해
'허용'을 터치합니다.

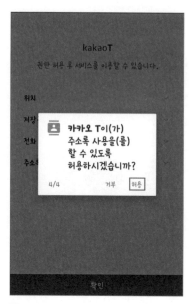

📇 주소록 사용을 위해 '허용'을 터치
합니다.

카카오 계정으로 카카오 택시 앱을 시
작할 수 있습니다.

카카오 계정 로그인을 위해 약관을 읽
고 '동의'를 터치합니다.

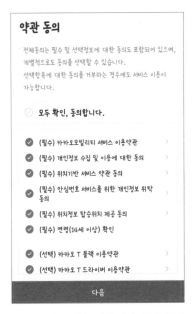

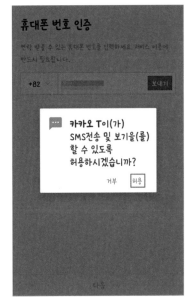

카카오 택시 앱을 사용하기 위해 약관에 동의하고 '다음'을 터치합니다.

 카카오 택시 앱이 문자 전송 및 보기를 할 수 있도록 '허용'을 터치하여 휴대폰 인증 번호를 받습니다.

휴대폰 인증을 완료하고 '다음'을 터치하면 카카오 택시 앱을 사용할 수 있습니다. 추가 정보를 입력하려면 '추가 정보 입력'을 터치하고 원하지 않는다면 '나중에 하기'를 터치합니다.

출발지를 검색하고 설정할 수 있습니다.

도착지를 검색하고 설정할 수 있습니다.

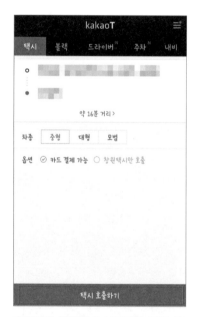

출발지와 도착지가 설정되면 차종 옵션을 선택하고 '택시 호출하기'를 터치하면 택시를 호출할 수 있습니다.

스마트 국토정보
'국토정보'

스마트 국토정보(https://m.nsdis.go.kr)에서 제공하고 있는 주요 서비스를 안드로이드폰에서도 손쉽고 편리하게 이용할 수 있습니다. 부동산 정보 검색에서는 토지 및 건물에 대한 정보를 제공하며, 현재 지도 위치를 기반으로 주택 관련 실거래가 정보를 함께 제공합니다. 국토 이용 현황 분석은 각 지역별 토지, 건축물, 거주자, 중개업자 정보를 분석하여 제공하며, 국토 통계에서는 관심도가 높은 주요 통계 15종에 대한 정보를 제공합니다.

❶ 메인화면에서 지도 서비스 바로 이용 가능
  • 연속 지적도, 항공사진, 바로 e-Map 지도 제공
  • 지도 서비스에서의 간편한 주소(주소, 장소, 건물명) 검색 제공
  • 현재 지도 위치기반 주택 실거래 가격 정보 제공

❷ 부동산 정보 검색
  • 부동산 정보(토지, 건축물) 조회

❸ 국토이용 현황분석
  • 분석 지역에 대한 토지, 건축물, 거주자 분석 정보 제공
  • 지도를 이용한 범위 분석 정보 제공

❹ 국토통계
  • 부동산 현황, 부동산 거래, 부동산 가격별 15종 통계 정보 제공

▶ Play 스토어에서 국토정보를 다운 받아 '열기'를 터치합니다.

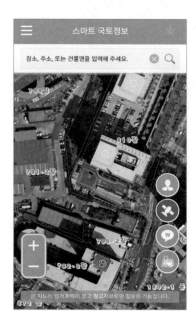

앱을 열기만 하면 본인의 위치와 장소를 실시간으로 보여줍니다.

다양한 환경에서 토지에 대한 공시지가, 면적 등의 토지 및 건물 정보를 무료로 제공합니다.

뿐만 아니라 건축물의 경우 각 층별 용도와 면적, 공시지가 등을 실시간 제공합니다.

지갑 속에
현금과 신용카드를
넣고 다닙니까?

모바일 폰으로 심플하게
'SAMSUNG Pay'

지문인증, 원타임카드 같은 장치로 안전하게 기존 플라스틱 카드로 결제할 수 있는 거의 모든 곳에서 삼성 페이를 사용할 수 있습니다. 온라인에서도 신용 카드 결제는 물론 다양한 온라인 쇼핑몰에서도 자유롭게 사용 가능합니다.[1]

❶ 삼성페이 사용 준비

삼성페이 앱을 실행하고 📞 통화 상태를 관리하거나 전화 사용을 위해 '허용'을 터치합니다.

삼성페이를 사용하기 위해 '설치' 버튼을 터치합니다.

---

1 삼성페이 공식 홈페이지(http://www.samsung.com/sec/samsung-pay/)

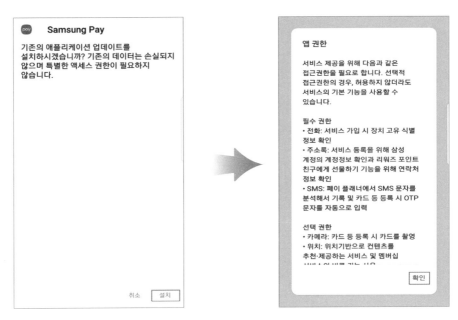

'설치' 버튼을 터치하고 앱 권한에 대한 확인을 터치합니다.

📇 주소록 사용을 위해 '허용'에 터치
합니다.

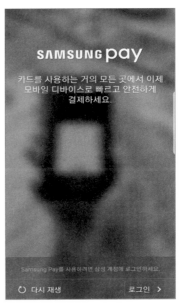

삼성페이를 사용하기 위해 로그인을
합니다.

계정이 있는 경우 1번란에 모두 기입
하여 로그인하고 아이디 및 비밀번호
를모르는 경우 2번을 터치합니다. 계
정이 없는 경우 3번을 터치합니다.

이메일 주소나 자신의 스마트폰 전화
번호로 가입할 수 있습니다. 모두 입
력한후 '다음'을 터치합니다.

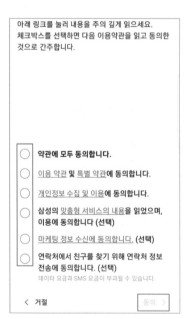

약관에 동의하고 동의를 누르면 삼성 계정을 사용할 수 있습니다.

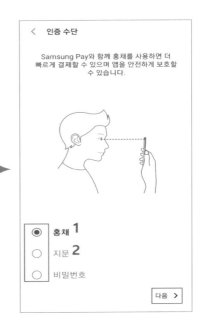

Samsung Pay을(를) 사용하려면 이용약관에
동의해야 합니다.

○ 삼성페이 이용약관　　　　　　자세히

○ 개인정보 제3자 제공에 관한 동의　　자세히

○ 개인정보 수집·이용 동의　　　　자세히

○ 위치기반서비스 이용약관　　　　자세히

○ 멤버십 연동을 위한 개인정보 제3자　자세히
　제공 동의(선택)

○ 위치정보를 이용하여 주변 매장의　자세히
　혜택을 수신(선택)

○ 삼성페이 마케팅 수신동의(선택)　자세히

☐ **위의 이용약관을 모두 읽었으며 이에
　동의합니다.**

　　　　　　　　　　　　　　　다음 >

삼성페이를 사용하기 위해 이용 약관에
동의하고 '다음'을 터치합니다.

< 인증 수단

Samsung Pay와 함께 홍채를 사용하면 더
빠르게 결제할 수 있으며 앱을 안전하게 보호할
수 있습니다.

◉ 홍채 **1**

○ 지문 **2**

○ 비밀번호

　　　　　　　　　　　　　　다음 >

삼성페이를 사용하기 위한 보안 수단으
로 홍채, 지문, 비밀번호 중 하나를 선
택합니다.

1

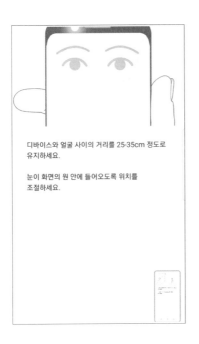

디바이스와 얼굴 사이의 거리를 25-35cm 정도로
유지하세요.

눈이 화면의 원 안에 들어오도록 위치를
조절하세요.

2

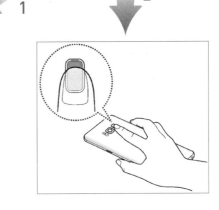

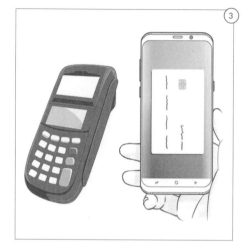

신용카드 등록 후 설정한 보안 체계를 사용하여 삼성페이를 사용할 수 있습니다.

❷ 삼성페이 사용하기

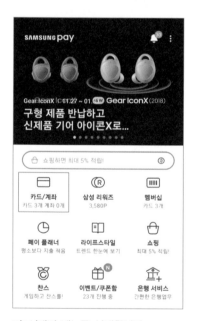

카드/계좌 메뉴를 선택합니다.

사용할 카드를 선택합니다.

---

2 http://www.samsung.com/sec/samsung-pay/

3 SM-G95X_UM_Nougat_Kor_Rev.1.4_170821 삼성 매뉴얼

선택한 카드를 사용하기 위해 보안을
위해 등록한 지문을 인식합니다.

지문이 성공적으로 인식되면 해당 화
면이 나타나며, 해당 화면을 카드 리
더기에 대면 결제가 이루어집니다.

　　단 한 번만 따라해 보세요. 너무나 쉽고 간단한 일입니다. 또한 신용카드
를 들고 다닐 필요도 없으며 신용카드를 분실할 염려도 없습니다. 뿐만 아
니라 신용카드 외 현금(체크)카드 등 다양한 카드를 등록하여 사용할 수 있습
니다.

B 같지만 다른 은행 '카카오뱅크'

기다림, 대기표, OTP, 공인인증서 없이 계좌 개설이 간편하며 여러 건의 이체도 몇 번의 터치로 손쉽게 보낼 수 있습니다. 365일 언제나 지점 방문 없이 모든 은행 업무를 모바일에서 해결할 수 있습니다.[4]

카카오톡 설정에서도 카카오뱅크를
다운받을 수 있습니다.

▶Play 스토어 앱을 열고 검색창에
카카오뱅크를 입력하고 카카오뱅크
를 터치합니다.

---

4 카카오뱅크 공식 홈페이지(https://www.kakaobank.com/)

'설치' 버튼을 터치하여 카카오뱅크 앱을
설치합니다.

설치가 완료된 모바일 카카오뱅크 앱
을 '열기' 버튼을 눌러 실행합니다.

카카오뱅크를 사용하기 위한 접근 권
한 동의에 대한 '확인'을 터치합니다.

📞 카카오뱅크 전화 발신 및 통화 설
정 접근 권한에 대한 '허용'을 터치합
니다.

위치 정보 사용에 대한 접근 권한 '허
용'을 터치합니다.

카카오 계정, 휴대폰 번호 중 선택하여
로그인을 할 수 있습니다.

카카오계정 로그인에 대한 개인정보 제
공 동의를 터치합니다.

카카오뱅크 이용에 대한 이용약관 동의
에 체크하고 카카오뱅크를 시작합니다.

'계좌 개설하기'를 선택하여 계좌를 개
설합니다.

'신청하기'를 터치합니다.

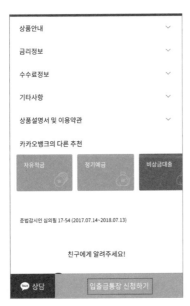

상품안내, 금리정보 등을 숙지하고 '입
출금통장 신청하기'를 터치합니다.

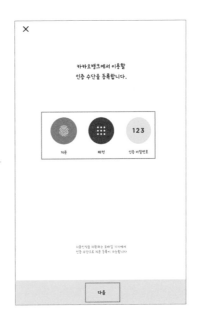

계좌 사용 시 필요한 보안 수단을 선택
하기 위해 '다음'을 터치합니다.

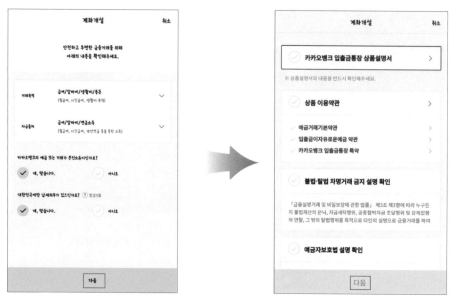

계좌 개설에 대한 사용 목적을 선택하고 입출금통장 상품 설명서를 읽은 후 '다음'을 터치합니다.

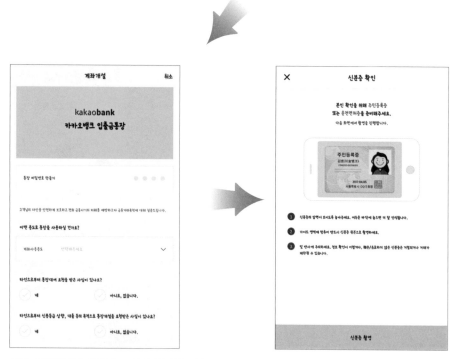

통장 비밀번호를 설정하고 본인 확인을 위한 신분증을 촬영합니다.

타행 계좌를 확인하기 위해 본인 명의로 개설된 타 은행 계좌번호를 입력하면 카카오뱅크에서 1원을 입금해주며, 입금자명을 확인하고 인증받으면 계좌가 개설됩니다.

입출금 알림을 설정할 수 있고 체크카드 또한 신청할 수 있습니다.

계좌가 개설되면 카카오뱅크 앱에서 쉽게 계좌 이체 등을 할 수 있습니다.

📖 '플랫폼'은 기차 타는 곳?

카카오그룹의 모든 기능을 봅시다. '원스톱 쇼핑'이란 말을 들어 본 적이 있습니까? 대형 쇼핑몰에 가면 모든 일을 거기서 다 해결할 수 있듯이 카카오에서 모든 일을 다 할 수 있기에 카카오를 '플랫폼'이라고 부릅니다.

우리가 즐겨 쓰는 카카오톡(카톡)에 여러 가지 다른 기능이 부가되면서 카카오 패밀리가 형성되었습니다. 카카오그룹의 전체 모습을 보려면 제공하는 서비스 페이지를 확인하면 됩니다.(https://www.kakaocorp.com/service)

우선 카카오는 포털의 기능이 필요해서 Daum과 함께하였으며 22가지나 제공되는 Daum의 서비스는 여기서 확인할 수 있습니다.(https://www.kakaocorp.com/service/Daum) 놀라운 것은 Daum이 제공하는 22가지 서비스 이외에도 카카오가 제공하는 서비스는 31가지나 된다는 것입니다. 여기에 또 다른 카카오 뱅크를 추가한다면 카카오가 만드는 세상은 놀랍다고 할 수 있습니다. 카카오는 대단한 플랫폼으로 자리 잡은 셈입니다.

암호화 화폐 '비트코인', 이것만은 알고 갑시다

가상화폐와 전자화폐의 대명사라 불리는 비트코인과 블록체인에 대한 가장 기본적인 지식, 이것만은 알고 갑시다.

* 블록체인 응용과 채굴
* 암호화폐(비트코인, 이더리움 등)는 분산된 플랫폼에서 당사자 간의 거래가 가능

◆ 블록체인의 응용 결과물 비트코인

우리는 은행을 신뢰하며 송금이라는 방법을 통해 재산을 이동시킵니다. 이러한 거래가 가능한 것은 믿음과 신뢰의 결과물이라 할 수 있습니다.

이러한 측면에서 비트코인은 가상화폐 · 디지털화폐 · 암호화폐이자 '믿음과 신뢰' 블록체인(디지털 암호) 기술이라 할 수 있습니다.

❶ 비트코인이란

비트코인은 블록체인 기술을 기반으로 만들어진 온라인 암호화폐로 화폐 단위는 BTC로 표시합니다. 2008년 10월에 나카모토 사토시라는 가명을 쓰는 프로그래머가 개발하여, 2009년 1월에 프로그램 소스를 배포했습니다. 중앙은행 없이 전 세계적 범위에서 P2P 방식으로 개인들 간에 자유롭게 송금 등의 금융거래를 할 수 있게 설계되어 있습니다.

❷ 비트코인 채굴이란 무엇인가

채굴mining은 '비트코인'을 만들어내는 것을 뜻하는 것으로 광산에 가서 곡괭이로 금을 캐는 것이 아닙니다. 서울 용산 전자상가에 가서 고성능 컴

퓨터를 산 뒤 채굴 프로그램을 돌려 복잡한 연산演算을 하도록 하면 됩니다. 사람이 딱히 할 일은 없습니다. 그냥 컴퓨터를 24시간 켜 두고 전기료를 부담하기만 하면 됩니다. 컴퓨터 화면에는 어지러운 숫자와 코드들이 뜨는데, 최근 10분간 쌓인 전 세계 비트코인 거래 내역을 검증하고 암호화해 저장하는 과정입니다. 그 대가로 일정량의 비트코인을 받게 됩니다.

비트코인 개수는 총 2100만 개로 제한돼 있는데 이런 채굴 과정을 통해 시장에 풀리게 됩니다. 창시자인 나카모토 사토시가 첫 비트코인을 채굴한 이후 현재까지 총량의 80% 수준인 1682만 개가 채굴됐습니다. 즉 비트코인 시스템 유지를 위해 이용자들에게 보상을 주고 컴퓨터 자원을 제공받는 과정이 채굴입니다.

* 원문 출처: http://biz.chosun.com/site/data/html_dir/2018/01/25/2018012500273.html#csidxd3b4c60a4b5af19b65e36b95693b70f

③ 가상화폐란

가상화폐는 지폐나 동전과 같은 실물없이 네트워크로 연결된 가상 공간에서 전자적 형태로 사용되는 디지털화폐 또는 전자화폐를 말합니다. 암호화폐는 가상화폐의 일종이라고도 볼 수 있지만, 유럽 중앙은행이나 미국 재무부의 가상화폐 정의를 엄격하게 적용하면 가상화폐라고 부를 수 있는 암호화폐는 거의 없게 됩니다. 그래서 미국 재무부 금융 범죄 단속반에서는 암호화폐를 가상화폐라고 부르지 않습니다.

④ 블록체인이란

블록체인은 분산 컴퓨팅 기술 기반의 데이터 위·변조 방지 기술을 말합니다. '블록'이라고 하는 소규모 관리 대상 데이터들이 P2P 방식을 기반으로 생성된 체인 형태의 연결고리 기반 분산 데이터 저장환경에 저장되는데, 누구라도 임의로 수정할 수 없고 누구나 변경의 결과를 열람할 수 있습니다.

* 참고 동영상: https://www.youtube.com/watch?v=984gJ-DI3w0

❺ 비트코인 채굴 방법 / 코인 채굴 및 거래 방법

코인 채굴 풀에 가입(복잡한 암호를 해독해야 하는데 일반 PC 1대로 암호 해독 5년 이상 소요)하여 mining pool(채굴 풀)을 형성한 후 코인 채굴 계산에 기여한 비율만큼 코인을 받습니다.

암호화폐들(비트코인, 이더리움 등)은 분산된 플랫폼에서 당사자 간의 거래가 가능합니다. '빗썸'에서는 실시간 비트코인의 시세 확인이 가능하며 이더리움, 대시, 라이트코인, 이더리움클래식, 리플과 같은 암호화폐 코인을 블록체인 기술을 통하여 구매/판매할 수 있습니다.

비트코인의 전문적인 채굴을 위해 대용량 슈퍼컴퓨터가 등장하고 채굴공장이 탄생하였지만, 채굴비용에 소요되는 전기 요금과 채굴되는 코인의 가성비는 따져 보아야 할 문제입니다.

　최근 비트코인과 관련된 수많은 기사들이 나오고 있지만, 스마트폰으로 비트코인 가상화폐를 운용하기까지는 좀 더 많은 시간과 연구가 필요할 것으로 사료됩니다. 그러니 특히 초보자들의 경우, 섣부른 판단으로 섣부른 투자를 하지 않도록 매우 유념하셔야 될 것으로 판단됩니다.

⑥ 자료사진(비트코인 채굴 공장)

내가 가입된 보험, 예금 ,적금, 실시간 나의 신용등급 조회, 실시간 나의 신용상태 무료조회 '토스'

흩어져있던 내 모든 자산, 한눈에 확인하고 관리해보세요.

• 내 모든 계좌를 한눈에 볼 수 있습니다.

• 내 카드를 모두 모아보고 연체, 할부관리도 해보세요.

• 신용 등급을 무제한으로 무료 조회할 수 있습니다.

• 내 보험을 모두 조회하고 진단도 함께 해보세요.

• 국내 26개 은행과 증권사가 지원합니다.

📱 간편한 송금

• 계좌번호를 복사하면 자동으로 입력됩니다.

• 공인인증서 없이 간단한 비밀번호 / 지문 / 얼굴 인식Face ID만으로 바로 송금하세요.

❶ 금융이 쉬워진다

❷ 내 보험 조회

  • 숨은 보험금, 총 5조 원? 잊고 있었던 내 숨은 보험금을 찾아가세요.

  • 내가 가입한 모든 보험을 조회하고, 과도한 보험이 없는지 함께 알아보세요.

▶ Play 스토어에서 토스 앱을 다운받고 주문하는 대로 따라서 실행합니다.

아래 보이는 아이콘을 선택하면 내가 필요한 정보 및 조회가 가능합니다.

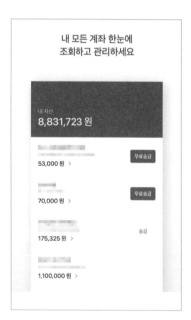

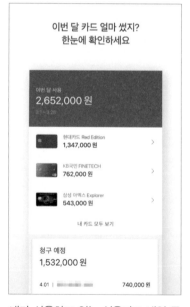

내가 가입된 보험 상품 전체조회 및 관리가 가능합니다.

내가 사용하고 있는 신용카드 내역 등을 실시간 보여줍니다.

간편 투자, 천원부터
가볍게 시작하세요

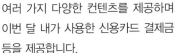

내 신용 정보를 무료로
조회하고 관리하세요

여러 가지 다양한 컨텐츠를 제공하며
이번 달 내가 사용한 신용카드 결제금
등을 제공합니다.

뿐만 아니라 나의 대출 정보 및 보험
금융 종합정보 및 신용등급을 실시간
제공합니다.

세계를 더 쉽고 빠르게 탐색하는
'구글맵스'

구글 지도를 통해 전 세계를 검색하고 길을 찾을 수 있습니다. 여행 경로, 교통 정보를 제공받을 수 있으며 현재 위치를 지도 중심에 놓고 내비게이션을 이용하여 세부 경로 안내를 통해 원하는 장소까지 쉽게 이동할 수 있습니다.

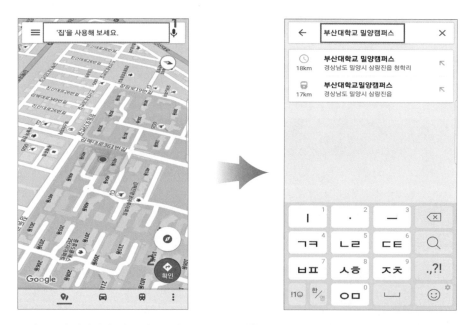

스마트폰에 설치되어 있는 지도 앱을 실행합니다. 🗺 구글 지도를 사용하기 위한 서비스 약관에 동의하고 '계속'을 터치합니다. 검색창에 찾고자 하는 지역을 검색하면 내 위치와 찾고자 하는 곳의 거리를 지도로 볼 수 있고 교통편도 확인할 수 있습니다.

을 선택하면 출발 시간과 도착 시간을 설정할 수 있습니다.

교통편을 터치하면 정류장, 기차역 등을 볼 수 있습니다.

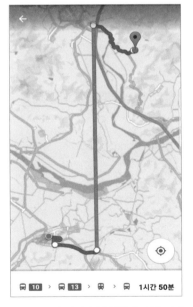

지도를 통해 거리를 확인할 수 있습니다.

간단한 약도부터 지하철 노선이나 자전거 도로 위치 표시 등 다양한 정보를
지도 위에 표현하고 원하는 지점에 마커를 삽입하여 찾고자 하는 곳을 간단한
조작으로 쉽게 확인할 수 있습니다.

▶ Play 스토어 앱을 열고 검색창에
네이버 지도를 입력하고
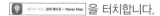 을 터치합니다.

설치가 완료된 모바일 네이버 지도
앱을 '열기' 버튼을 눌러 실행합니다.

네이버 지도를 사용하기 위해 다음 항목의 '동의' 버튼을 터치합니다.

설치가 완료된 네이버 지도 앱의 '열기' 버튼을 터치하여 앱을 실행합니다.

위치 정보 사용에 대한 '동의'를 터치합니다.

추가하고자 하는 앱을 선택하여 추가할 수 있습니다. 원하지 않으면 '취소'를 선택합니다.

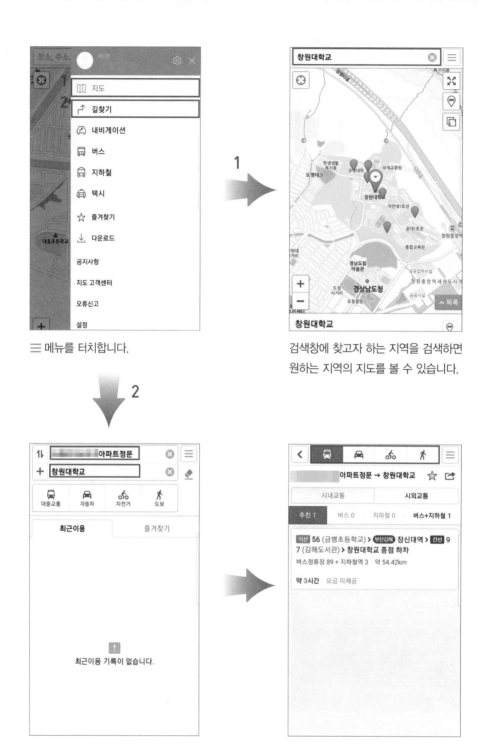

≡ 메뉴를 터치합니다.

검색창에 찾고자 하는 지역을 검색하면
원하는 지역의 지도를 볼 수 있습니다.

길 찾기를 통해 찾고자 하는 곳을 안내받을 수 있고 대중교통, 자동차, 자전거, 도보 수단을 통한
길 안내도 받을 수 있습니다.

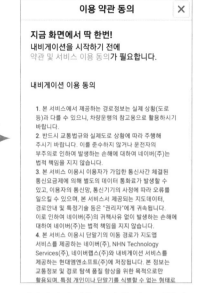

≡ 메뉴를 터치합니다.

내비게이션 이용 동의 후 바로 사용이
가능합니다.

4

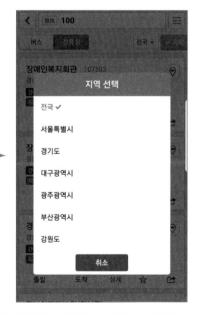

버스를 선택하여 버스번호를 검색할 수 있습니다. 지역을 선택하면 더 편하게 검색할 수 있습니다.

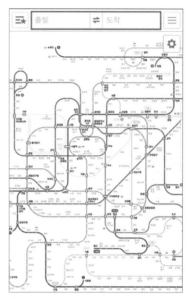

'지하철' 메뉴를 선택하여 지하철 정보
를 받을 수 있습니다.

출발역과 도착역을 설정하여 검색할 수
있습니다.

지하철 환승역 및 정차역 정보 등을 확인할 수 있으며 지역을 설정하여 더 쉽고 정확하게 확인할
수 있습니다.

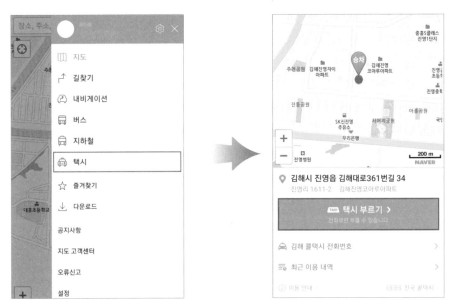

'택시' 메뉴를 선택하여 택시 부르기를 사용할 수 있습니다.

📱 동남아시아 지역에서 택시 잡기

그랩Grab(잡다), 무얼 잡는 것일까요?

'그랩'이 말레이시아를 시작으로 필리핀, 싱가포르, 태국, 베트남, 인도네시아에 진출했습니다. 2017년에는 캄보디아와 미얀마에서도 사업을 시작하면서 동남아 8개국 195개 도시에서 서비스하고 있습니다. 서비스도 일반 택시뿐만 아니라 개인 차량을 중개하는 그랩카, 카풀 서비스인 그랩히치, 오토바이를 공유하는 그랩바이크 등으로 확대했습니다. 베트남, 인도네시아 등에서는 오토바이가 흔한 교통수단이라는 점을 공략한 지역 맞춤형 서비스인 것입니다. 배달능력이 취약한 현지 전자상거래 업체와 협력해 배달서비스도 선보였습니다.

그랩이 단기간에 급성장한 배경으로 꼽히는 것 중 하나는 현금 결제입니다. 우버가 동남아에서도 다른 국가처럼 신용카드를 등록해서 결제토록 한 것과는 차이를 보입니다. 그랩택시의 수수료는 싱가포르에서는 1건당 0.2달러(약 220원), 태국은 0.7달러(약 760원)로 알려져 있습니다. 그랩은 운전사와 승객 양쪽으로부터 수수료를 받는데, 택시기사에겐 수수료 중 일부를 보조금으로 돌려줍니다.

그랩 서비스는 올해 1초에 66건의 승차가 이뤄지고 있다고 합니다. 그랩 앱 누적 다운로드 수는 9000만 건, 운송서비스를 제공하는 운전자는 500만 명에 달합니다. 그랩으로 빈 차를 부르면 내 위치가 알려지고 목적지를 입력하면 거리가 뜨며 요금이 나옵니다. 가까운 곳에서 기사가 찍으면 바로 요금이 얼마인지 알 수 있게 뜹니다. 물론 기사의 이름, 연락처 차종과 차량번호가 뜨고 어디까지 오는지 화면에 경로가 보입니다.

쇼핑몰이나 공항 등 사람들이 많이 있는 곳에는 그랩 전용 키오스크가 있어서 스마트폰 없이도 차량을 호출할 수 있습니다. 그랩 차량이 서는 곳도 택시 승강장과 별도로 구분하여 제공하고 있습니다.

그랩택시의 창업자 안토니 탄은 서른 살인 2012년, 말레이시아 쿠알라룸푸르에서 모바일 콜택시 서비스 '그랩택시'를 창업했습니다. 그랩카, 그랩바이크, 그랩트라이크(삼륜차), 그랩히치(카풀) 등 동남아시아에 특화된 서비스를 잇달아 출시하며 인기를 끌었습니다. 말레이시아 출신이지만 2014년에 그랩의 본사를 싱가포르로 옮기고 싱가포르 국적을 취득했습니다. 우리나라에서는 불가능한 자가용 영업입니다. 그런데 왜 이들 동남아 국가에서는 가능할까요?

베트남에서는 그랩을 이용하는 것을 추천합니다. 바가지요금에서 안전하기 때문입니다. 참고로 베트남에서 택시와 그랩의 요금을 비교해 보면, 그랩은 41,000동, 택시는 69,000동 정도입니다.(베트남에서의 요금 비교)

• 태국 그랩의 사용 법(설치와 사용)
 https://www.youtube.com/watch?v=FKiX5040Z98

📱 동남아를 제외한 해외 지역에서 이용 가능한 택시 우버

▶ 우버 어떻게 이용할까?

　해외여행을 하다 보면 대중교통만으로는 한계가 있음을 느끼게 됩니다. 이때 편리하게 이용할 수 있는 여행객들의 필수 어플, 우버가 있습니다. 출발지와 도착지를 미리 설정하고 이용할 수 있어 영어를 못해도 문제없습니다. 또한, 택시 드라이버의 평점이 나오고, 자동 결제 시스템이므로 결제도 편리합니다. 특히 후진국에서는 택시요금 바가지 상흔이 종종 발생했습니다.

그런데 우버는 출발 전 요금을 미리 알려주기 때문에 이러한 문제는 걱정하지 않아도 됩니다. 해외여행에 없어서는 안 될 필수 동반자이기도 합니다.[1]

* 우버 ios 다운로드 우버 android 다운로드

▶ 우버 이용 방법

먼저 회원가입하기를 실행하고 아래와 같이 진행하면 쉽게 이용이 가능합니다.

❶ 우버 앱 다운

❷ 번호(국가 코드 : +82, 전화번호 입력) 또는 SNS 계정 입력

❸ 이메일 주소 / 비밀번호 입력 후 가입 클릭

❹ 영문 이름 / 성 입력

상기와 같은 방법으로 진행하면 세계 지도가 형성되면서 내가 위치하고 있는 곳의 지도가 나타나게 됩니다.

지도에서 나의 목적지를 한글 또는 영문으로 입력하면 택시가 호출되는 것입니다.

▶ 출발, 도착지 입력하기

• 소요 시간과 예상 요금이 나옵니다.

• 도착지는 정확히 입력하는 게 좋습니다.

---

1 www.pbs.org/newshour/economy/uber-drivers-game-app-force-surge-pricing

순서

❶ 초기 지도 화면에서 '어디로 갈까요?' 클릭

❷ 현재 위치(출발지)와 도착지 입력

▶▶ 택시 종류 선택하기

택시 종류로는 승차 인원에 따라 우버 엑스, 우버 엑스라지, 우버풀 등이 있으며, 종류에 따라 비용이 다릅니다. 오른쪽으로 갈수록 비싼 요금이 적용됩니다.

종류

- 우버 풀: 합승 시스템 (제일 저렴)
- 우버 엑스: 1~4명
- 우버 엑스라지: 1~6명
- 고급 차량, SUV 등

마지막으로 내가 서 있는 곳에 택시가 도착하면 통상적으로 호출자인 나에게 택시기사로부터 전화가 오게 됩니다. 이때 내가 호출했던 차량번호 확인 후 승차하시면 됩니다.

CHAPTER

10

기타
유용한 앱

소상공인의 동반자
'소상공인마당'

상권정보 및 전통시장 위치, 검색, 새 소식 등을 알 수 있으며 살고 있는 또는 알고 싶은 지역과 업종을 선택하여 지역기반 빅데이터 분석을 통해 명확하고 정확한 정보를 얻을 수 있습니다. 특히 내가 개업을 하고자 할 경우 지역유사 상권을 정확하게 분석하여 줍니다. 뿐만 아니라 나와 경쟁사 분석, 유동인구 분석, 동종업계 분포도 분석 등 다양한 상권분석과 활용 팁을 제공합니다. 너무나 간단한 앱 하나로 성공사업의 파트너가 될 것입니다.

▷ Play 스토어 앱을 열고 검색창에 소상공인마당을 입력하고 을 터치합니다.

'설치' 버튼을 터치하여 모바일 소상공
인마당 앱을 설치합니다.

소상공인마당을 사용하기 위해 접근 권
한 '동의'를 터치합니다.

설치가 완료되어 모바일 소상공인마당 앱 '열기' 버튼이 뜨면 '열기'를 눌러 실행하고 '바로 시작
하기'를 터치합니다.

메인 화면에서 지원시책 등을 확인할
수 있습니다.

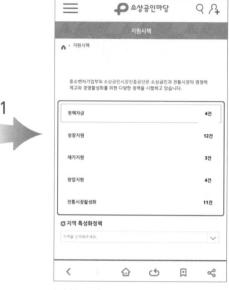

'지원시책'을 터치하여 다양한 정책을
확인할 수 있습니다.

'사업정보'를 터치하여 업종별, 지역별,
창업단계별 사례를 확인할 수 있습니다.

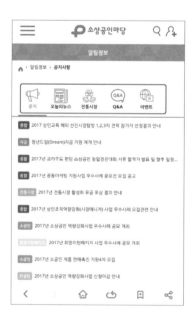

'알림정보'를 터치하여 다양한 정보를
확인할 수 있습니다.

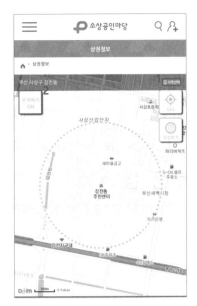

'상권정보'를 터치하여 원하는 지역 상권
정보를 확인할 수 있습니다.

'지역선택'을 통해 원하는 지역을 설정
할 수 있습니다.

'분석하기 ON'을 터치하여 상권분석을 할 수 있으며 '위성보기'를 통해 분석하는 지역의 위성지
도를 확인할 수 있습니다.

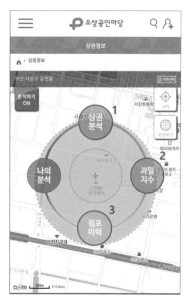

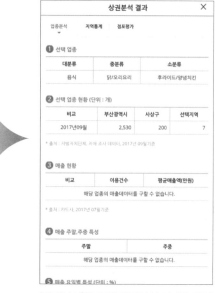

'나의 분석'은 로그인이 필요한 서비스
입니다.

'상권분석'을 통해 상권분석 결과를 확인
할 수 있습니다.

'과밀지수'를 통해 창업과밀지수 결과
를 확인할 수 있습니다.

'점포이력'을 터치하여 점포이력을 확인
할 수 있습니다.

오타 없이
'맞춤법 검사기 / 띄어쓰기'

헷갈리는 맞춤법과 한글 띄어쓰기를 한 번에 쉽게 고칠 수 있으며 다듬어진
내용을 카카오톡으로 전송할 수 있습니다.

▶ Play 스토어 앱을 열고 검색창에 한글 맞춤법
검사기를 입력하고 🔍 맞춤법 을 터치합니다.

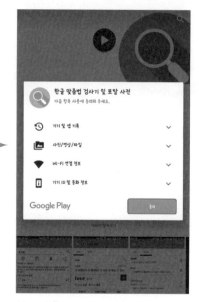

'설치' 버튼을 터치하여 한글 맞춤법 검사기 앱을 설치합니다.

한글 맞춤법 검사기를 사용하기 위해 '사용 동의'에 터치합니다.

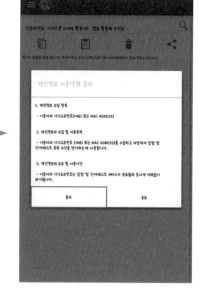

설치가 완료된 한글 맞춤법 검사기 앱의 '열기' 버튼을 눌러 실행하고 개인정보 이용약관 '동의'에 터치합니다.

검사하고자 하는 내용을 입력합니다.

'교정'에 체크하여 틀린 맞춤법을 교정
합니다.

공유 버튼을 터치하여 보내고자 하
는 앱에 공유할 수 있습니다.

① 복사 ② 붙여넣기
③ 삭제

≡ 메뉴 버튼을 터치합니다. '모두의 사전'을 터치하여 사전 기능을 사용할 수 있습니다.

문자 앱에서 문자 메시지를 입력합니다. ① 한글 맞춤법을 확인하고 싶은 단어나 문장을 복사합니다. ② 🔍를 터치하여 붙여넣기 하고 교정을 체크하여 틀린 맞춤법을 수정합니다. 📋 복사하기를 눌러 문자 앱이나 카카오톡에 붙여넣기 하여 사용할 수 있습니다.

스크린 미러링
'모비즌 미러링'

> 모비즌 미러링은 PC의 큰 화면으로 사진과 동영상을 즐기며 키보드와 마우스로 안드로이드 기기를 원격 제어할 수 있습니다.[1] 상기의 기능으로 스마트폰의 소형 화면을 대형 TV모니터로 연결하여 사용하시면 눈의 피로와 정확한 인물 탐구가 가능합니다.

❶ 모바일 미러링 설치하기

▶ Play 스토어 앱을 열고 모비즌 미러링을 검색창에 입력합니다.

모비즌 미러링의 '설치' 버튼을 터치합니다.

---

1 모비즌 홈페이지 https://www.mobizen.com/

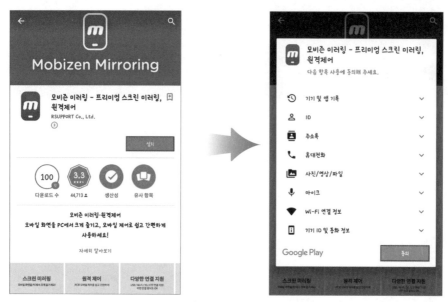

'설치' 버튼을 터치하여 모비즌 미러링을 실행하기 위한 접근 권한 목록의 '동의' 버튼을 터치하여 동의합니다.

'시작하기'를 터치한 후 이메일을 선택하거나 구글 계정 또는 페이스북 계정을 선택하고 모비즌 미러링을 사용하기 위해 비밀번호를 설정합니다.

'시작하기'를 터치하면 스마트폰 모델명이 나오고 자신이 선택한 이메일이 나오며, 스마트폰에서 미러링을 시작하기 위한 준비는 끝이 납니다.

❷ PC버전 설치하기

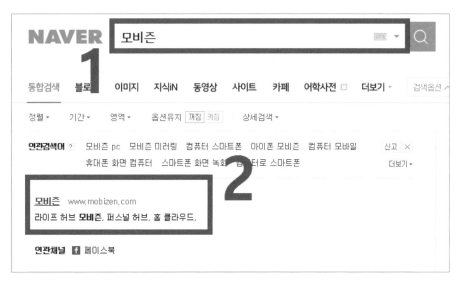

www.mobizen.com을 주소 창에 입력하여 모비즌 사이트에 접속하거나 포털 사이트 검색창에 모비즌을 입력하고 상단의 모비즌 사이트로 접속합니다.

왼쪽의 '미러링 PC버전'을 클릭하여 PC버전 설치를 진행합니다.

설치 파일이 실행되면 '마침'이 나올 때까지 '다음'을 클릭하여 설치합니다.

🖳 아이콘이 나타나면 클릭하여 자신의 스마트폰과 맞는 소프트웨어를 선택하고 아이디와 비밀
번호를 입력하고 스마트폰을 연결한 상태에서 '시작하기'를 클릭합니다.

usb 디버깅[2] 허용 확인을 터치한 후 '지금 시작'을 터치하여 모비즌 미러링을 시작합니다.

---

2 디버깅: 컴퓨터와 스마트폰을 usb로 연결하였을 시 컴퓨터의 프로그램을 실행하여 스마트폰의 시
  스템을 변경하는 것입니다.

휴대폰 충전 케이블을 휴대폰에 연결하여 미러링할 수 있습니다.

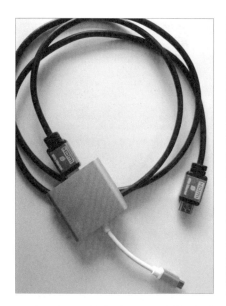

TV와 스마트폰 연결 시 HDMI 케이블이 필요하며 HDMI와 스마트폰을 연결해주는 USB 3.1이
따로 필요합니다.

---

3 http://www.lanmart.co.kr/shop/goods/goods_view.php?goodsno=8767&category=029001

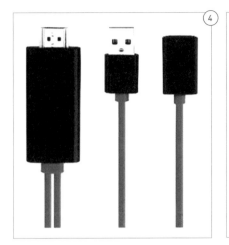

HDMI 케이블과 휴대폰 연결선이 동시에 있는 제품을 구매하면 더 쉽게 유선으로 연결할 수 있습니다.

무선 동글을 구매하시면 쉽게 무선으로 휴대폰과 TV를 연결할 수 있습니다.

---

4 http://www.lanmart.co.kr/shop/goods/goods_view.php?goodsno=9013&category=031
5 http://www.lanmart.co.kr/shop/goods/goods_view.php?goodsno=9013&category=031
6 http://storefarm.naver.com/cablewa/products/2086579762
7 http://storefarm.naver.com/cablewa/products/2086579762

건강한 라이프스타일
'삼성 헬스 케어'

Samsung Health는 건강에 도움을 주는 기본적이고 필수적인 기능을 제공합니다. 만보기를 비롯해 달리기, 자전거, 하이킹 등의 활동 관리를 위한 다양한 트래커, 수면 패턴 기록과 칼로리 정보를 이용한 식단 관리 기능은 체력 증진 및 다이어트에 효과적이며, 삼성 스마트폰에 내장되어 있는 센서를 이용하면 심박수, 산소포화도 등을 직접 측정하여 건강 상태를 확인할 수 있습니다.[8]

▶ Play 스토어 앱을 열고 검색창에 삼성 헬스를 입력하고 Samsung Health(삼성 헬스) 를 터치합니다.

삼성 헬스 앱의 '설치' 버튼을 터치합니다.

---

8 https://play.google.com/store/apps/details?id=com.sec.android.app.shealth

설치가 완료된 삼성 헬스 앱의 '열기'
를 터치하여 실행합니다.

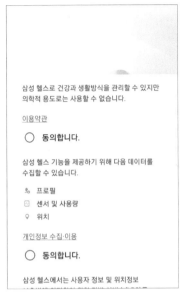

삼성 헬스를 사용하려면 이용약관과
개인정보 수집이용에 '동의'를 체크합
니다.

 삼성 헬스 주소록 접근에 대한 '허용'
을 터치합니다.

달리기, 심박수, 스트레스 등을 측정할
수 있습니다.

삼성 헬스 앱이 🏃 생체 신호에 관한 센서 데이터에 접근할 수 있도록 '허용'을 터치합니다.

나의 스트레스 수준을 심박 센스를 통해 측정하고 저장할 수 있습니다.

나의 심박수를 심박 센스를 통해 측정하고 저장할 수 있습니다.

나의 산소 포화도를 심박 센스를 통해 측정하고 저장할 수 있습니다.

➕를 터치하여 더 많은 항목을 설정할
수 있습니다.

💡를 선택하여 헬스 인사이트를 사용
할 수 있습니다.

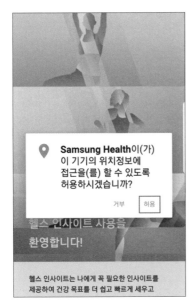

헬스 인사이트를 사용하기 위한 📍 위
치정보 접근정보에 대한 허용을 터치
합니다.

인사이트를 통해 건강 목표를 설정할
수 있습니다.

투게더를 통해 친구들과 경쟁할 수 있
고 자신의 걸음 순위를 알 수 있습니다.

건강 뉴스를 통해 다양한 정보를 얻을
수 있습니다.

과일, 식물, 나무 이름을 알고 싶습니까?
네이버 음성 검색과 사진 검색을 통해 다양하게 검색할 수 있습니다. 더 이상 114에 전화해서 전화번호를 찾을 필요가 없습니다. 네이버 검색을 통해 상호만 입력하면 전화번호를 찾을 수 있고 노래 제목 또한 기억나는 가사 몇 소절을 입력하면 쉽게 노래 제목을 찾을 수 있습니다.

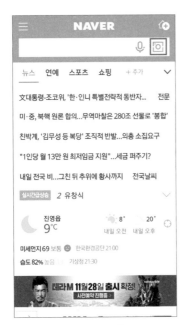

네이버 앱을 열고 📷 사진기 모양의 아이콘을 터치합니다.

검색하려는 대상을 스마트폰에 부착된 카메라로 찍습니다.

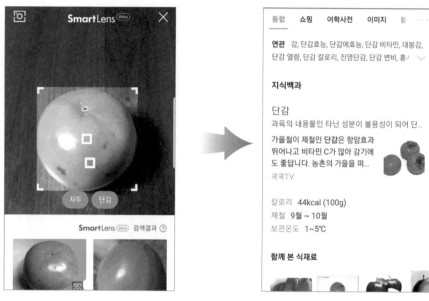

카메라로 찍은 대상을 네이버 검색이 스스로 인식하여 검색 결과를 확인할 수 있습니다.

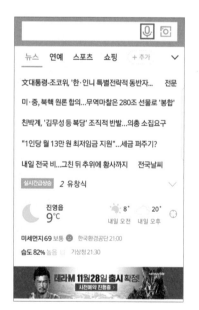

🎤 마이크 아이콘을 터치하면 음성으로 검색할 수 있습니다.

🎤 네이버 앱이 오디오 녹음을 사용할 수 있도록 '허용'에 터치합니다.

검색어를 음성으로 말하면 스스로 인식하여 검색 결과를 확인할 수 있습니다.

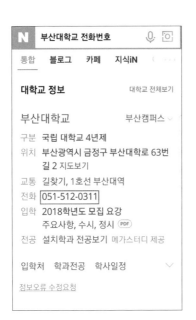

네이버 검색을 통해 전화번호를 검색
할 수 있습니다.

기억하지 못한 노래 제목도 노래 가사
몇 소절이면 찾을 수 있습니다.

네이버 뉴스 또한 눈으로 보지 않고 '본문듣기'를 통해 음성으로 뉴스 내용을 TV 보듯이 청취할 수 있습니다. 설정을 통해 남성이나 여성 음성을 선택할 수 있고 읽어주는 속도 또한 조절할 수 있습니다.

모든 정부 관공서 민원
'정부24'

① 정부서비스

- 정부서비스는 대한민국 중앙행정기관, 공공기관, 지방자치단체가 제공하는 서비스를 12개로 분류하여, 개인의 생활에 필요한 맞춤형 서비스를 다양한 방법으로 제공합니다.
- 매일 업데이트되고 있으며, 총 9만여 건의 서비스를 분야별 및 맞춤형으로 제공하고 있습니다.

② 민원서비스

- 민원신청은 행정기관 방문 없이 언제, 어디서나 인터넷을 통해 필요한 민원을 안내받고 열람·신청·발급하는 서비스입니다.
- 민원인은 5,000여 종 민원사무에 대해 처리기관, 구비서류, 수수료, 처리기한, 관련법제도 등의 정보를 안내받을 수 있으며, 이 중 자주 이용되는 420여 종에 대해서 모바일 민원서비스가 제공됩니다.

❸ 정책정보

- 정책정보는 중앙행정기관, 지방자치단체, 공공기관 등 정부기관들의 주요 소식 및 정책정보, 운영 시스템 등을 제공하는 서비스입니다.
- 이용 편의성 제고를 위해 콘텐츠를 18개로 분류하였으며 정책정보 검색 기능으로 쉽고 편리하게 자료를 찾을 수 있습니다.
- 또한 중앙행정기관과 지방자치단체의 조직도, 기관 소개, 예산 등의 기본 정보를 제공하고, 중앙행정기관에서 하고 있는 업무 및 부서 연락처 등도 함께 제공하고 있습니다.

▶ Play 스토어에서 '정부24(민원24)' 앱을 다운로드 합니다.

다운로드 후 내가 원하는 모든 민원 신청이 가능합니다.

공인인증서 등록 후 주민등록 등·초본 등의 신청 및 발급이 가능합니다.

내가 받은 진료내역, 각종 인허가 내용 및 민원정보 조회도 가능합니다.

현대사회에서 바쁜 직장인 자녀들이 할 수 없는 어르신들의 외출, 목욕, 간병 등의 도움이 필요할 때가 너무 많습니다. 그러나 어찌할 바를 몰라 전전긍긍할 때 여러분 곁으로 노인전문가가 직접 찾아가 여러분들의 부모님을 지켜 드릴 것입니다. 노인 돌봄 서비스는 대다수가 유료인 관계로 다양한 검색을 통하여 본인의 케이스에 가장 잘 맞는 사이트를 선택하는 것이 매우 중요합니다. 노인돌봄 – 엄마를 부탁해 앱은 스마트폰으로 간단하게 노인돌봄 서비스를 제공합니다.

▶ Play 스토어 앱에서 '노인돌봄' 또는 '노인돌봄 엄마를 부탁해'로 검색합니다.

'설치' 버튼을 터치하여 '노인돌봄 엄마를 부탁해' 앱을 설치합니다.

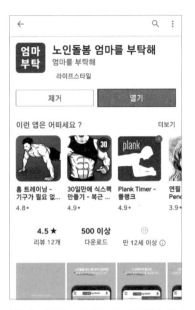

'열기' 버튼을 터치하여 '노인돌봄 엄마
를 부탁해'를 실행합니다.

메인화면 마이페이지를 터치하여 회
원가입을 합니다.(노인돌봄 서비스는
유료 신청이므로 회원가입이 필요합니
다.)

'회원가입'을 터치하여 회원가입을 진행
합니다.

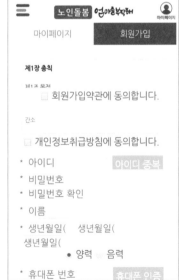

아이디, 비밀번호 및 개인정보를 입력
합니다.

로그인 후 메인 화면에서 원하는 서비스를 터치하여 신청합니다.

지역 및 필요한 노인돌봄 날짜 및 시간을 선택한 후 어르신 정보, 보호자 정보를 기입하고 신청 완료 후 도우미가 배정되면 결제를 진행합니다. 결제가 완료되면 예약한 날짜에 노인돌봄 서비스를 받을 수 있습니다.

'리모트 CT 스마트 리모컨'

TV, 셋톱박스, 에어컨 등을 스마트폰을 사용하여 만능 리모컨으로 조작할 수 있습니다. 리모컨 기능은 IR 장치(리모컨 기능)가 장착된 스마트폰에서만 작동하므로 일부 스마트폰에서는 앱을 설치하더라도 사용이 안 되는 경우가 가끔 발생할 수 있습니다.

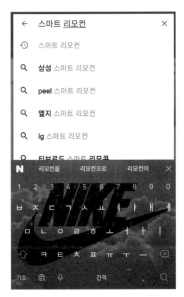

▶ Play 스토어 앱에서 '스마트 리모컨' 또는 '리모트 CT'를 검색합니다.

'설치' 버튼을 터치하여 '리모트 CT – 스마트 리모컨'을 설치합니다.

'열기' 버튼을 터치하여 '리모트 CT –
스마트 리모컨'을 실행합니다.

'리모컨 추가' 버튼을 터치합니다.

리모컨을 추가하기 위해 원하는 장치
를 선택합니다.

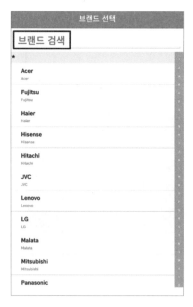

원하는 장치 선택 후 '브랜드 검색' 또
는 브랜드를 터치합니다.

○전원 버튼, ∧음량 버튼, ⬦ 음소거 버튼을 터치하여 장치에서 동작하는지 확인합니다.

○전원 버튼, ∧음량 버튼, ⬦ 음소거 버튼이 장치에서 동작 하면 '예'를 터치하고 동작하지 않는다면 '아니오'를 선택하여 버튼이 동작할 때까지 확인합니다.

버튼이 동작하면 '리모컨 추가'를 터치하여 휴대폰으로 스마트 리모컨을 사용합니다.

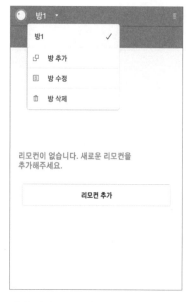

메인 화면에서 좌측 상단을 터치하면 방을 추가 또는 수정, 삭제할 수 있습니다.

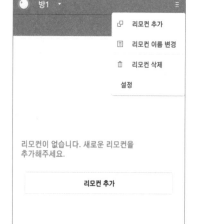

메인 화면에서 우측 상단을 터치하면 리모컨 추가 또는 이름 변경, 삭제를 할 수 있습니다.

스마트폰 미러링 기능 또는 스마트뷰 기능

스크린 미러링 또는 스마트뷰 기능이란 스마트폰 화면을 TV 화면으로 즐길 수 있는 기능으로서 스마트폰에 저장된 사진이나 동영상, 한글, 엑셀, PPT 파일을 TV의 대화면으로 전송하여 볼 수 있는 기능입니다. 단, 일부 스마트폰 그리고 스마트TV는 미러링 기능을 제공하지 않는 기기도 있습니다.

터치

스마트폰 화면에서 상단바(빨간 상자) 부분을 손가락으로 드래그하면(끌어 내리면) 다음 화면이 열립니다.

Screen Mirroring을 터치합니다.

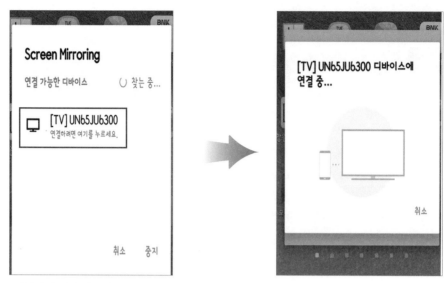

화면에서 연결 가능한 디바이스가
검색되면 터치합니다.

▶ '유튜브'에 동영상 올리기

먼저 스마트폰으로 유튜브에 접속합니다.

플레이 스토어에서 유튜브 앱을 다운받아 설치하고 가입하여 로그인합니다. 또는 PC에서 다음 주소(https://www.youtube.com/upload)로 접속하면 PC에서 바로 동영상을 선택하도록 창이 열립니다.

스마트폰에서는 상단에 비디오 그림이 보이는데 이것을 클릭하여 미리 촬영해 둔 동영상을 선택하거나 직접 촬영하며 생방송을 할 수도 있습니다. 우선 미리 찍어둔 동영상을 선택해 보면 스마트폰 화면의 영상은 다음 그림과 같지 않고 볼 때마다 달라질 것입니다.

동영상을 하나 골라 선택합니다. 연습할 때 시간이 오래 걸리지 않도록 가능하면 짧은 동영상을 선택합니다.

이어, 동영상의 제목과 설명 등을 적는데 제목은 100자까지, 설명은 5,000자까지 가능합니다. 이후 일반에게 공개할 것인지 여부를 정하고 우측 상단의 업로드 메뉴를 누릅니다. 동영상 업로드에는 상당한 시간이 걸리게 됩니다.

PC에서 올린 경우, 반드시 공개 버튼을 눌러야 다른 사람이 볼 수 있으며 그렇지 않으면 본인만 볼 수 있습니다. 무진정 낙화축제에서 바람에 떨어지는 불꽃의 아름다움을 담은 동영상을 올려 본 예시입니다(HTTPS://WWW.YOUTUBE.COM/ WATCH?V= ZOIFORQTHQU) 또한 다음은 저자가 수년 전에 만든 한 기업의 광고입니다.
(HTTPS://WWW.YOUTUBE. COM/WATCH?V= WCR9FFV0KGW)

이렇게 올린 동영상은 다음의 주소에서 볼 수 있습니다. 검색을 하려면 본인의 계정이나 본인이 정한 제목으로 검색 가능합니다. https://youtu. be/4pyEDQYDMss 유튜브의 저장 위치는 자동으로 랜덤하게 결정됩니다.

앱과 파일의 관리

앱이란 application program(응용프로그램)을 줄여 부르는 말로 '어플'이라고 부르는 사람도 있습니다. 우리가 플레이 스토어나 앱 스토어에서 찾아 스마트폰에 설치하는 단위 프로그램을 말합니다. 예를 들면 메신저로 많이 쓰는 카카오톡과 페이스북이 앱이며, 티켓을 구입하고 은행거래를 도와주는 등 다양한 분야에 활용할 수 있는 많은 앱이 있습니다.

파일은 사진이나 동영상, 녹음, 노래, 한글 파일 등이 있습니다. 이 파일은 각 앱에서 기본적으로 저장할 폴더(위치)를 정하고 있습니다. 사진을 찍으면 카메라의 DCIM 폴더에 저장되는데 그 안에 날짜별, 장소별, 주제별로 폴더를 만들어 관리하면 찾기가 편합니다. 다른 어떠한 방식으로 폴더를 만들어도 됩니다. PC에서 파일을 저장하는 방법처럼 스마트폰에도 드라이브와 디렉토리(폴더)를 만드는 것은 같은 이치입니다.

보조 메모리 카드를 설치하면 넉넉히 저장할 수 있고 파일을 자주 PC에 옮기는 것도 좋은 방법입니다. USB 메모리를 연결하면 스마트폰도 가볍게 사용할 수 있습니다.

유사한 종류의 앱을 한데 모아 관리하는 것은 좋은 방법으로 카카오톡, 카카오택시, 카카오드라이브, 카카오맵, 카카오지하철, 카카오내비, 카카오

스토리 등은 모두 카카오라는 폴더에 저장하면 편리할 것입니다. 이걸 만들어 보겠습니다. 먼저 카카오톡을 꾸욱 눌러보면 화면이 다음과 같이 바뀌는데 좌측 상단의 '항목선택'을 누릅니다. 그러면 모든 앱을 선택할 수 있도록 바뀌는데 위에서 언급한 카카오 관련 앱을 골라 확인하면 됩니다.

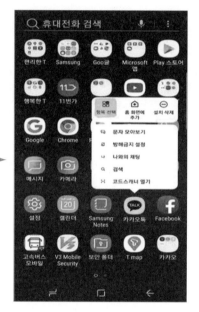

앱이 여러 화면에 있을 때 중요한(자주 쓰는) 앱을 화면 하단에 배치하여 쓰는데 이를 바탕화면이라 합니다. 위 그림의 바탕화면에는 전화, 메시지, 카메라의 3개 앱이 있으며 바탕화면의 앱은 더 추가하거나 삭제할 수도 있습니다.

화면에 앱이 많이 있으면 불편할 수 있습니다. 위의 그림을 보면 처음 보이는 '편리한 T' 폴더에는 7개의 앱이 있는데 이는 쉽게 추가 또는 제거할 수 있습니다. 우측 하단의 카카오 폴더에는 4개의 앱이 있으며 폴더를 누르면 앱 하나하나가 보이고 터치하면 실행됩니다.

270

구글 폴더를 만들어 G메일, 드라이브, 플레이 무비, 듀오, 포토, 지도 등의 앱을 담았습니다. 폴
더 이름은 바꾸기 쉽도록 되어 있어 GOOGLE을 눌러 'GOO글'로 적어 보았습니다. 이 중에 하
나 또는 여러 개의 파일을 선택해 밖으로 끌어낼 수 있으며 물론 바깥에 있는 파일을 폴더 안으
로 끌어다 저장하기도 합니다.

이웃한 페이스북을 카카오톡 폴더에 추가하고 삭제를 시켜 본 모습입니다. 확인 버튼을 누르면
됩니다. 제거하면 다시 다운받아 설치해야 하니 폴더 밖으로 끌어내는 것이 좋습니다.
가능하면 앱을 계통별로 모아 폴더 속에 저장시키는 것이 바람직한 방법입니다.

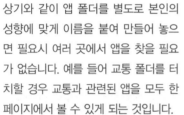

상기와 같이 앱 폴더를 별도로 본인의
성향에 맞게 이름을 붙여 만들어 놓으
면 필요시 여러 곳에서 앱을 찾을 필요
가 없습니다. 예를 들어 교통 폴더를 터
치할 경우 교통과 관련된 앱을 모두 한
페이지에서 볼 수 있게 되는 것입니다.

왼쪽에서 선택한 교통 앱 폴더를 클릭
하면 상기의 화면이 나옵니다. 이때
내가 필요한 앱을 손쉽게 찾아갈 수
있다는 이점이 있습니다.

스마트폰으로 동영상 편집하기
'키네마스터'

  스마트폰에서 각종 사진과 동영상 편집(영상 자르기/자막 넣기/효과 넣기/음악 넣기 등)에 관한 내용을 설명하고자 합니다.

  동영상 편집 과정은 일반 과정과 중급 과정, 고급 과정이 있습니다.

  본서에서는 동영상 편집 중 가장 기본이 되는 일반 과정의 동영상 자르기와 자막 넣기에 대하여 설명드리도록 하겠습니다.

  동영상을 편집할 수 있는 툴(프로그램, 앱APP)에는 다양한 것이 있습니다. 일반적으로 많이 사용되고 있는 툴 중 무료로 제공되면서 간단하게 사용할 수 있는 앱을 알려드리겠습니다. 먼저 구글 플레이 스토어에서 한글로 키네 마스터 또는 영어로 KINE MASTER라고 검색합니다. 검색 후 다운로드와 열기를 완료하셨다면 지금부터 하나씩 따라해 보십시오.

위에 보이는 화면은 구글 플레이 스토어에서 키네 마스터를 다운받고 '열기'를 터치하면 표시되는 화면입니다.

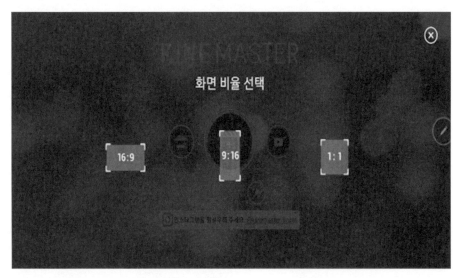

여기에서는 본인이 원하는 화면 비율을 선택합니다.

위에 보이는 화면은 잘못 선택할 경우 유료사이트로 유도당하게 되므로 가능한 SKIP 하는 것이
좋습니다.

여기에서는 취소 버튼을 누르면 됩니다.

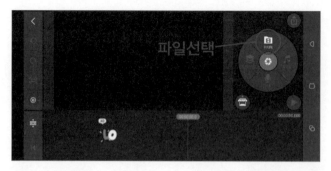

여기에서는 파일을 선택하게 됩니다. 이때 본인의 스마트폰에 저장되어 있는 동영상을 선택할 수 있는 화면으로 자동으로 아래와 같이 이동합니다.

본인이 편집하고자 하는 영상이나 사진을 선택할 수 있습니다.

동영상과 사진 파일을 구분할 수 있는 방법은 위 동영상과 사진이라고 적힌 적색 동그라미 내부를 자세히 보시면 참고가 되고 파일을 선택하시면 다음과 같은 화면이 생성됩니다.

여기에서 보이는 화면은 편집을 시작하기 위한 첫 번째 화면입니다. 화면 하단을 자세히 보시면 영상이 시작되는 부분에 적색 바(줄)가 보입니다.

앞서 설명 드린 적색 바(줄)가 그 위치를 중심으로 영상을 자르기 위한 시작점입니다. 여기서 적색 라인을 중심으로 좌우 어느 한쪽을 자를 수 있습니다.

즉, 편집을 원하는 위치를 결정하는 것이 됩니다.

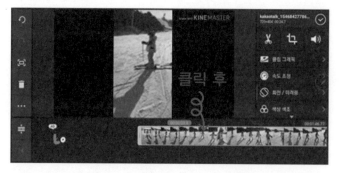

편집 위치를 결정한 후 더블클릭을 하면 상단 우측에 가위 그림이
나타납니다.

가위를 선택하면 아래와 같이 좌, 우 편집 위치를 선택할 수 있는 이
미지로 변화하게 됩니다.

위 적색 숫자 1, 2, 3을 선택하여 동영상 편집을 시작하게 됩니다. 1번
선택은 적색 라인(줄) 기준점에서 화면 좌측, 즉 앞쪽을 자르고, 2번
은 1번의 반대쪽을, 3번은 재생헤드 부분, 즉 가운데 일정 부분을 자
르게 됩니다.

여기는 앞에서 설명 드린 3번 재생헤드 부분, 즉 영상 중간 부분을 자르기 할 때 선택하는 것입니다.

'상기 분할 후'라는 화살표는 잘려나간 부분에 흰색 창이 생성되는 것인데 향후 여기에 다양한 기능들을 삽입할 수 있습니다.

동영상을 자르거나 편집 후 나타나는 화면입니다. 여기에서 상기 숫자 8번을 보시면 플레이어 버튼이 있습니다. 편집 중에 영상 확인이 가능합니다.

여기에서는 편집된 영상에 음성이나 음악을 배경으로 넣는 것이 가능합니다. 필요한 음원을 본인의 스마트폰 내부에 파일로 추가한 후 아래 + 기능을 선택하시면 음악이 추가됩니다.

여기에서 음악을 선택하며, 음악 시작점은 앞서 설명한 것과 같이 적색 바(줄)에서부터 시작됩니다.

여기에서는 편집을 완료한 후 잘려나간 부분에 3D 이미지나 각종 화면 전환 시 어색한 부분을 자연스럽게 랜더링 되도록 도와주는 기능을 선택 할 수 있도록 해줍니다.

각종 화면이 전환되는 곳에 상기 숫자 2와 같이 여러 가지 기능을
선택할 수 있습니다. 선택 완료 후 엔터를 클릭하시면 아래와 같이
완료된 영상이 나타납니다.

편집과 영상 삽입이 완성된 파일을 보여 주는 화면입니다. 이때 완성
된 영상은 하단에 파란색으로 표시됩니다.

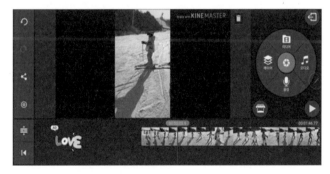

편집 중 또는 동영상 편집 상황을 확인하려면 ▶ 클릭하시면 언제든
지 편집되는 영상을 확인할 수 있습니다.

📖 동영상에 자막 넣기

영상 편집 전후 어느 때나 자막 삽입은 가능합니다. 자막을 삽입하기 위해 먼저 화살표의 레이어를 클릭합니다.

위와 같이 레이어를 클릭하면 나타나는 'T' 부분을 클릭합니다. 클릭하면 컴퓨터 키보드 자판이 생성됩니다.

스마트폰으로 동영상 편집하기

컴퓨터 키보드에서 원하는 글자를 타이핑하고 '확인' 버튼을 누르면 다음과 같은 자막이 화면에 나타납니다.

컴퓨터 키보드에서 원하는 글자를 타이핑하면 자막이 화면에 나타나며, 이후 자막의 길이(자막구간)를 선택할 수 있습니다.

자막의 길이(자막구간)를 선택한 후 ◎를 클릭하시면 저장이 완료됩니다.

자막 및 편집 중에 동영상을 확인하려면 ▶를 클릭하시면 언제든지 편집되는 영상을 확인할 수 있습니다.

▶ 스마트폰으로 책 쓰기

이상 다음과 같이 우리는 스마트폰의 다양한 기능들을 살펴보았습니다.

스마트폰 속에 있는 우리가 상상도 하지 못했던 획기적인 기능들을 보면서 우리가 살고 있는 삶이 얼마나 풍요롭고 여유로운 삶인지를 느끼게 됩니다.

과거 먹고사는 문제가 최대 고민이었던 부모님과 할아버지, 할머님들께서 과거에 대한 이야기를 할 때 입버릇처럼 종종 하시는 말씀을 들어본 적이 있었습니다.

"내가 살아온 과거를 책으로 쓰면 몇 권은 될 것이다." 이것은 모진 가난으로 배고픔과 호된 시집살이로 어렵게 살아오신 삶이 한이 되어 하시는 말씀들입니다.

그러나 생각과 말은 가능하지만 정작 그 내용을 글로 정립한다는 것은 소설작가 또는 전문가들이나 가능한 것이지 일반인들이 글을 써서 책으로 낸다는 것은 거의 불가능한 일이었습니다.

그러나 이제 그러한 일들이 가능한 스마트 시대가 도래하였습니다. 앞서 소개한 몇 가지 APP(앱)을 활용하여 마이크나 스마트폰에 입을 대고 살아오신 과거를 줄줄이 이야기만 하면 글이 되는 세상이 도래한 것입니다. 이제부터 하나씩 나의 삶에 대하여 이야기하시면 스피치노트Speech notes, 에버노트Ever Note, 구글워드Googl word 등 다양한 APP(앱)들이 여러분들의 삶을 모두 기록하고 저장하여 한 권의 책으로 만들어 줄 것입니다.

APPENDIX

부록

스마트폰
살펴보기

스마트폰이란 1분 1초 만에 수많은 변화가 일어나는 시대에 없어서는 안 될 IT기기로 스마트한 휴대폰입니다. 이제는 대한민국 국민 5,000만 명 중 4,600만 명 이상의 남녀노소 누구나 스마트폰을 사용하고 있는 세상입니다. 심지어는 3세 가량의 사물 인지 능력이 있는 유아조차도 기본적인 동영상을 스스로 조작할 수 있습니다.

스마트폰은 이제 단순한 전화를 위한 휴대폰 기능을 넘어 PC에서 사용할 수 있는 기능을 애플리케이션을 통해 심플하게 재구성하여 대부분의 업무를 처리할 수 있는 디지털 기기입니다. 즉, 기존에는 사무실, 집 등에서 PC로 처리해야 하던 업무를 언제 어디서든 이동 중에 모든 업무를 처리할 수 있게 되면서 이 세상을 살아가기 위해 반드시 필요한 스마트한 기기입니다.

스마트폰은 전 세계를 인터넷으로 연결하여 시공간을 초월하고 다양한 애플리케이션을 통한 유익한 정보제공과 비즈니스를 위한 스마트워크 시스템을 구축하여 일의 효율성을 극대화할 수 있도록 해 줍니다.

미래에는 스마트폰을 잘 활용하는 사람은 더욱 편리하고 스마트한 인생을 살아갈 것입니다. 스마트폰은 전 세계의 한 문화로 자리 잡았으며 지금도 그렇지만 시간이 흐를수록 세상의 모든 일을 스마트폰 하나로 처리할 수 있게 될 것입니다. 스마트 기기를 잘 다루지 못한다고 하여 세상을 살아가는데 제약이 있다고 말할 수는 없으나 실시간으로 업데이트되는 정보를 공유하지 못한다면 일상생활에서 경제활동에 이르기까지 주위 사람들과 동일한 삶을 살아가는 데 어려움이 따를 것입니다.

과거와는 다르게 현재는 자기가 익히고 있는 특별한 지식이 없다고 하여도 언제 어디서나 스마트폰으로 검색하여 지식을 공유할 수 있습니다. 또한 다양한 애플리케이션을 잘 활용한다면 전문가 부럽지 않은 창의적인 능력을 발휘할 수 있을 것입니다.

① 스마트폰 외형 살펴보기

스마트폰의 외형은 기본적으로 큰 액정화면과 앞면과 옆면에 몇 개의 버튼으로 구성되어 있습니다. 여기서 각 모델에 따라 특수 기능을 위한 각종 센서 등의 장치로 구성됩니다. 버튼은 대표적인 스마트폰인 아이폰과 안드로이드폰이 거의 동일하게 구성됩니다. 좌측면에는 볼륨 버튼, 우측면에는 전원 버튼, 앞면에는 홈 버튼으로 구성되어 있습니다.

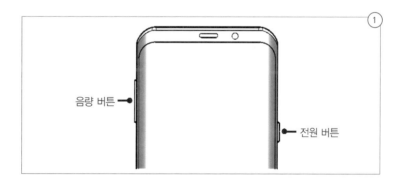

음량 버튼 — 전원 버튼

---

1 SM-G95X_UM_Nougat_Kor_Rev.1.4_170821 삼성 매뉴얼

▶ 전원 버튼

전원 버튼은 스마트폰의 우측면에 있으며 전원을 켜거나 끌 때, 화면을 켜거나 끌 때 사용하며 화면을 끄면 자동으로 잠금 상태로 돌아가게 됩니다.

❶ 전원 켜거나 끌 때: 버튼을 길게 누르면 전원이 켜지거나 꺼지게 됩니다.

❷ 화면을 켜거나 끌 때: 버튼을 짧게 누르면 화면이 켜지거나 꺼지게 됩니다.

❸ 화면이 꺼져 있을 때: 버튼을 짧게 누르면 잠금 화면이 나타나게 되며 패턴 또는 사용자의 해제 방식에 따라 조작하여 스마트폰을 사용할 수 있게 됩니다.

▶ 음량 버튼

음량 버튼은 스마트폰의 좌측면에 있으며 위쪽 버튼을 누르면 음량을 높일 수 있고 아래 버튼을 누르면 음량을 줄일 수 있습니다.

❶ 통화 중일 때: 통화 중일 때 음량 버튼을 조작하면 통화음을 조절할 수 있습니다.

❷ 통화 중이 아닐 때: 통화 외에 기능을 사용 중일 때 음량 버튼을 조작하면 벨소리 크기를 조절할 수 있습니다.

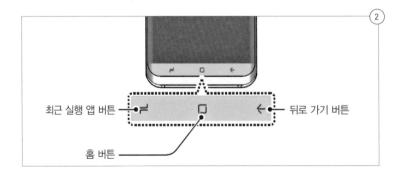

최근 실행 앱 버튼 ㅡ / 홈 버튼 / 뒤로 가기 버튼

---

2 SM-G95X_UM_Nougat_Kor_Rev.1.4_170821 삼성 매뉴얼

▶ 홈 버튼

홈 버튼은 언제든지 홈 화면으로 이동할 수 있도록 해주는 버튼으로 전면의 하단 중앙에 위치해 있습니다. 실행되고 있는 앱을 종료하여 홈 화면으로 돌아가거나 대기 상태를 해제할 때 주로 사용됩니다. 또한 PC의 최근 목록과 같이 현재까지 사용한 앱 목록을 나타낼 수 있습니다.

❶ 홈 버튼을 짧게: 초기 화면 되돌리기, 대기상태 해제
❷ 홈 버튼을 길게: 사용한 앱 목록 표시, 터치 시 해당 앱 바로 실행

▶ 뒤로 가기(취소) 버튼

취소 버튼은 현재 실행 화면에서 이전 단계로 되돌릴 수 있도록 해주는 버튼으로 홈 버튼 우측에 있습니다. 동일한 앱 실행과정에서 여러 단계의 작업을 실행하였을 때 유용한 버튼입니다.

▶ 최근 실행 앱 버튼

짧게 터치하면 최근 실행한 앱 목록이 나타나며 홈 버튼 좌측에 있습니다. 이전에 실행한 앱을 다시 실행하는 데 유용한 버튼입니다.

❷ 스마트폰 화면 살펴보기

▶ 홈 화면

잠금 화면

홈 화면

홈 화면은 스마트폰의 화면을 켜면 나타나는 첫 화면으로 홀드 상태로 표시됩니다. 화면을 왼쪽에서 오른쪽으로 밀면 홈 화면이 나타나며, 잠금 모드일 경우 잠금을 해제해 주어야 합니다. 자주 사용하는 프로그램 목록을 여기에 두면 좀 더 빠른 작업이 가능합니다.

홈 화면 위쪽에는 상태 표시줄로서 배터리 잔량, 안테나 수신 상태, 통화 상태, 메시지 수신, 통신 아이콘(3G, Wi-Fi) 등의 현재 스마트폰의 상태를 나타냅니다.[3]

---

3 SM-G95X_UM_Nougat_Kor_Rev.1.4_170821 삼성 매뉴얼

아이콘	설명	아이콘	설명
⊘	신호 없음	⏰	알람 실행 중
📶	서비스 지역의 신호 세기 표시	💬	문자 또는 MMS 수신
R📶	로밍중	🔇	무음 모드
3G	3G 네트워크에 연결됨		진동 모드
LTE⁺	LTE 네트워크에 연결됨	🔋	배터리 충전 중
🛜	Wi-Fi에 연결됨	🔋	배터리 양 표시
✳	블루투스 기능 켜짐	✈	비행기 탑승 모드
📍	위치 서비스 사용 중	📞	음성 전화 수신
⚠	오류 발생 또는 주의 필요	☇	부재중 전화

상태 표시줄에 있는 내용을 자세히 확인하려면 스마트폰의 화면 상단에서 아래로 드래그하면 화면 일부 내용이 확인 가능하며 이동 및 설정이 가능합니다.

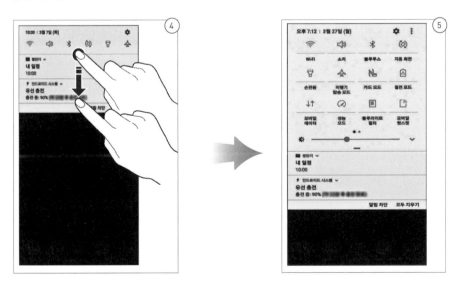

4 SM-G95X_UM_Nougat_Kor_Rev.1.4_170821 삼성 매뉴얼
5 SM-G95X_UM_Nougat_Kor_Rev.1.4_170821 삼성 매뉴얼

▶ **앱스 화면**

앱스 화면은 모든 애플리케이션과 새로 설치한 애플리케이션을 실행할 수 있는 화면입니다. 홈 화면에서 앱스를 터치하고 앱스 화면이 나타나면 좌우로 스크롤해 원하는 페이지로 이동할 수 있습니다.[6]

① 갤럭시 S8 이후 버전 앱스 활용

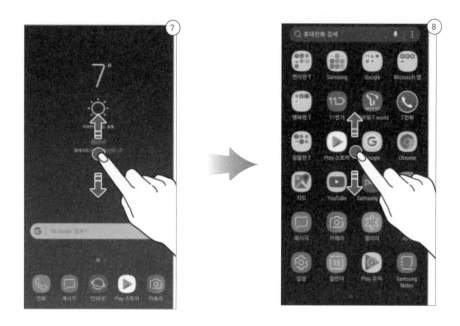

홈 화면에서 위 또는 아래로 드래그하면 앱스 화면으로 전환되고 모든 앱을 확인할 수 있으며 좌측으로 드래그하여 페이지를 이동시킬 수 있습니다. 홈 화면으로 돌아가려면 앱스 화면에서 위 또는 아래로 드래그를 하거나 홈 버튼이나 뒤로 가기 버튼을 누르면 홈으로 이동할 수 있습니다.

---

6 SM-G95X_UM_Nougat_Kor_Rev.1.4_170821 삼성 매뉴얼
7 SM-G95X_UM_Nougat_Kor_Rev.1.4_170821 삼성 매뉴얼
8 SM-G95X_UM_Nougat_Kor_Rev.1.4_170821 삼성 매뉴얼

② 갤럭시 S8 앱스 서랍 버튼 만들기

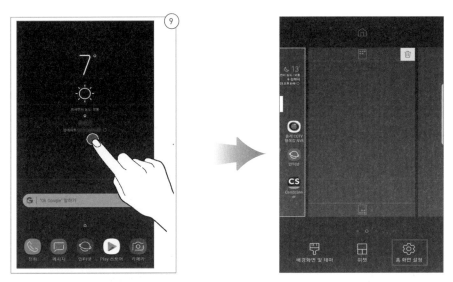

홈 화면의 빈 공간을 길게 누른 후 위젯을 선택하는 화면이 나오면 '홈 화면 설정'을 터치합니다.

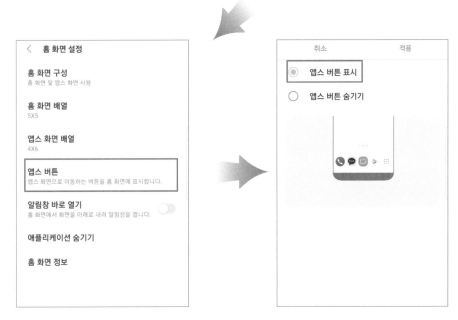

홈 화면 설정의 '앱스 버튼'을 터치합니다. '앱스 버튼 표시'를 터치하고 '적용'을 터치하면 홈 화면에 ⠿ 앱스 버튼이 활성화되어 쉽게 애플리케이션을 실행할 수 있습니다.

---

9 SM-G95X_UM_Nougat_Kor_Rev.1.4_170821 삼성 매뉴얼

③ 갤럭시 S8 이전 버전 앱스

왼쪽 하단 ⠿ 앱스 버튼을 터치하면 애플리케이션을 활용할 수 있습니다.

스마트폰을 가장 이상적으로 활용할 수 있는 기본이 되는 내용들을 중심
으로 소개해드렸습니다.

---

10 SM-G95X_UM_Nougat_Kor_Rev.1.4_170821 삼성 매뉴얼

02 사용하지 않는 스마트폰 활용법

스마트폰 사용주기가 짧아짐에 따라 집에 사용하지 않는 스마트폰이 한 두 개 있기 마련이고, 이것을 활용하는 방법에 대한 포스팅입니다.

📱 안 쓰는 스마트폰을 내비게이션으로 사용하기

▶ T맵 설치

❶ 안 쓰는 스마트폰을 충전하여 구글 플레이 스토어에서 'T맵'을 입력하 고 검색하여 설치합니다. T맵 설치가 완료되면 열기 버튼을 터치합니다.

❷ 긍정적인 답을 계속하여 시작과정을 수행합니다.

❸ 휴대폰 번호로 사용하기를 터치합니다. 자신이 현재 사용하는 스마트 폰 번호를 입력하고 인증번호 받기를 터치합니다.

❹ 사용 중인 휴대폰에 메시지로 인증번호가 전송됩니다. 이 번호를 인 증번호란에 입력합니다.

❺ T맵을 실행하면 운전습관, NUGU, 안심주행, 주변, 더보기 메뉴가 있 습니다. 운전습관은 평소 주행실적을 분석하여 본인의 운전습관을 나 타내는 메뉴이고, NUGU는 인공지능으로 모두 ON으로 설정하면 음

성으로 이 웹과 대화할 수 있습니다.

❻ 음성으로 내비게이션에게 명령할 때 부르는 기기의 이름을 자신이 원하는 이름(기본적으로 '아리아'로 설정되어 있음)으로 변경할 수 있습니다.

❼ '안심주행'을 터치

→ '안심주행 종료하기' 우측 3점 아이콘을 터치

→ 열린 창에서 '주행설정'을 터치

→ 항목별로 필요성을 판단하여 선택하거나 ON시킵니다.

❽ HUD를 ON하면 헤드업 디스플레이 기능을 활용할 수 있습니다.

❾ '단속주의구간 안내'를 터치하여 세부적인 내용을 설정합니다.

❿ 다른 메뉴들도 터치하여 추가설정 필요성에 따라 설정합니다.

▶ 자동실행 웹 설치 및 설정

❶ 구글 플레이 스토어에 '오토내비'라고 입력하고 검색하여 맨 위에 나온 웹(AAL)을 설치합니다.

❷ 설치가 완료되면 열기를 터치합니다.

❸ 아래쪽에 시간을 설정하는 창이 3개 나오는데, 맨 위의 창에는 '5'초라고 입력한 뒤 저장, 두 번째 창에는 '15'초를 입력하고 앞 사각형을 터치하여 파란색 체크 표시가 나타나면 저장합니다. 그리고 세 번째 창에는 '1'분으로 입력하고 앞 사각형을 터치하여 파란색 체크 표시가 나타나게 한 후 저장합니다. (시간은 본인의 취향에 따라 정합니다.)

❹ 아래 '접근성 설정확인'을 터치하여 접근성 우측 ON/OFF를 터치하여 ON으로 설정합니다.

❺ 위에서 두 번째 줄 '애플리케이션 이름'을 터치하여(이 스마트폰에 설치된 모든 웹이 나열되는데 ABC순이므로 T맵은 한참 아래쪽에 있음) T맵을 선택합니다. 그러면 '애플리케이션 이름' 대신에 'T맵'으로 바뀝니다.

▶ 인터넷에 연결하기

T맵을 실행하기 위해서는 인터넷 연결이 필요한데 인터넷에 연결하는 방식은 아래의 두 가지 방식이 있습니다.

❶ 사용 중인 스마트폰으로 연결하기

설정방법은 다음과 같습니다.

1) 사용 중인 스마트폰의 설정에 들어가 '모바일 테더링 핫스팟' 메뉴를 찾아 터치 → '와이파이 핫스팟' 터치 → '사용안함'을 '사용함'으로 변경
  (삼성폰은 '연결' → '모바일 핫스팟'을 길게 누릅니다.)

2) '와이파이 핫스팟 설정'을 길게 터치 → 와이파이 이름을 정하여 입력 → 보안을 어떤 것으로 할지 선택하고 비밀번호를 8단위 이상으로 입력(기억하기 쉽게 12345678)하고 저장

3) 내비게이션으로 쓸 안 쓰던 스마트폰에서 설정

  '설정' 메뉴에 들어가 '와이파이' → 조금 전 설정한 와이파이 이름을 찾아 터치 → '연결' → 비밀번호 입력 → '연결'

❷ 데이터 나눠 쓰기 유심칩을 구매하여 연결하기

내비게이션으로 쓸 스마트폰을 들고 대리점에 가서 데이터 나누어 쓰기 유심칩(가격 7700원)을 별도로 구매하여 장착한 후 사용하면 데이터 사용 외에 별도의 사용료는 없으며, 사용 중인 스마트폰과는 관련이 없어 별도의 설정도 필요하지 않습니다. (추천하는 방법)

▶ 사용방법

❶ 차량에 거치된 안 쓰는 스마트폰에 차량의 시거잭에서 나온 충전선을 연결하고, 자동차의 시동을 걸어 전원이 공급되면 T맵 내비게이션이 실행되고 시동을 끄면 웹이 자동으로 종료되는 개념입니다.

❷ 시동을 걸어 내비게이션이 실행되면 준비가 되는 것을 확인하고 '아리아' 혹은 자신이 정해놓은 이름을 부르고 조금 기다리면 '딩' 하는 소리가 들립니다. 그러면 예를 들어 '서울역 가자'라고 목적지를 말합니다. 그러면 서울역 1번 출구 등이 표시와 같이 해당되는 연관어가 화면에 나오는데, 자신이 원하는 목적지를 찾아 첫 번째, 두 번째 형식으로 목적지를 선택하여 말합니다.

❸ 내비게이션 중에도 '아리아(본인이 정한 이름)'을 불러 호출한 후 '아리아, 홍길동에게 전화해 줘', '아리아, 홍길동에게 메시지를 보내줘', '아리아, 음악 틀어줘', '아리아, 길 안내를 종료해 줘', '아리아, 재미난 이야기해 줘'와 같은 식으로 명령하면 명령한 기능이 수행됩니다.

❹ 어느 쪽이든 데이터는 소모되므로 무한 요금제가 아니면 데이터 사용에 관심이 필요합니다. 그러나 핫스팟의 경우 많은 데이터가 소모되지 않는 것으로 알려져 있습니다.

❺ 다른 내비게이션, 예를 들어 카카오내비 웹을 사용하려면 T맵 대신 그 웹을 다운받아 위의 절차대로 수행합니다. (그러나 T맵은 NUGU 기능, 즉 운전 중 언어로 명령하는 기능이 있어 운전 중 언어 조작이 가능하므로 다른 내비게이션 웹보다 매우 편리합니다.)

❻ 안 쓰는 스마트폰을 내비게이션으로 활용하면 설정에 따라 HUD, 블랙박스, 내비게이션 기능을 스마트폰 하나로 수행할 수 있어 이런 기능의 장비를 따로 구매할 필요가 없습니다. (HUD, 블랙박스, 내비게이션 웹을 따로 설치하고 따로 실행해도 됩니다.)

❼ 이 방법을 사용할 때 주의할 점은 여름철에는 차량 내부 온도가 매우 높으므로 스마트폰에 들어있는 배터리가 고온에 폭발할 가능성이 있으므로 관심을 가져야 합니다.

📱 안 쓰는 스마트폰으로 CCTV 만들기

① 준비물

사용하지 않는 스마트폰과 사용 중인 스마트폰 각 1대, 스마트폰 거치대

② 웹 설치

먼저 CCTV 카메라로 사용할 스마트폰을 충전하여 구글 플레이 스토어에 들어가 검색창에 'CCTV' 입력 → 검색을 누르고 위에서 두 번째 '남는 스마트폰을 무료 CCTV로…'를 선택하여 설치합니다.

③ CCTV 카메라로 사용할 스마트폰에서 설정

❶ 설치가 다 되면 '열기'를 터치 → '동의' → 'sign in with google' 터치합니다.

❷ 이 웹은 구글 계정을 사용하는 웹이므로 구글 계정을 만들거나 기존의 구글 계정 부분을 터치 → '허용'을 터치합니다.

❸ 상단의 카메라 모양 옆에 ↕가 있는 아이콘을 터치합니다.

❹ 실행하기를 터치합니다. 그러면 'CCTV 카메라 모드 전환' 아래에 긴 설명문이 나옵니다.

❺ 상단의 원 안의 카메라 옆에 ↕ 표시가 있는 아이콘을 터치하면 CCTV 카메라 모드 전환 창이 열리는데 여기서 실행하기를 터치합니다.

❻ 그러면 웹 화면이 닫히고 휴대폰의 바탕화면이 나오면서 카메라가 CCTV 기능을 수행하게 됩니다. (외부적으로는 수행하는 모습을 알 수 없습니다.)

❼ 일단 설정은 끝났습니다.

세부적인 설정을 위해 좌측 상단의 가로 3선 아이콘을 터치하여 메뉴로 들어가 추가 설정을 할 수 있습니다.

메뉴(3선 아이콘) → 설정 → 카메라 모드 설정을 터치하여 세부설정을 합니다.

❽ 메뉴 중 클라우드 서비스는 CCTV에서 녹화한 영상이 자동으로 구글 드라이브에 저장되는 서비스입니다. 따라서 반드시 구글 드라이브에 같은 계정으로 로그인해 주어야 합니다.

❾ 카메라 모드 '설정' → '보안설정' → '카메라 접속 암호'
화면 아래에 1234로 되어있는 부분이 암호를 설정하는 화면입니다. 1234(기본 설정)를 지우고 본인이 원하는 비밀번호를 입력합니다. 이 번호는 영상을 볼 스마트폰에서 CCTV에 접속할 때 입력해야 하는 암호입니다.

❿ 설정이 끝났으면 거치대에 장착하여 CCTV로 감시할 부분을 잘 비추도록 위치를 잡습니다.

⓫ 다이소에서 광각렌즈를 구매하여 카메라 앞부분에 장착하면 보는 범위를 확대할 수 있습니다.

④ **사용 중인 스마트폰**

❶ 같은 방법으로 동일한 웹을 설치하고, ❶와 ❷항을 수행합니다. 반드시 앞에 로그인한 구글 계정을 사용하여 로그인하여야 합니다.
(동일한 구글 계정으로 로그인하였다면 여러 개의 다른 스마트폰에서도 영상을 볼 수도 있습니다.)

❷ 바탕화면에 조금 전에 설치한 SeeCiTV 웹을 끌어내어 놓고 터치하여 실행합니다. → 사용방법은 '다시보지 않기'를 체크하고 → 닫기

❸ 좌측 상단의 3선 아이콘을 터치하여 기기 리스트를 터치합니다.

❹ 접속된 기기 리스트를 터치하면 열린 창에서 카메라로 설정한 스마트폰의 모델이 나타납니다.

❺ 여기를 터치하고 접속 암호 입력창이 열리면 조금 전에 카메라로

사용할 스마트폰에서 설정한 암호를 입력합니다.

❻ 그러면 동영상 화면이 깜박이면서 동영상 화면 상단에 맨 좌측 카메라 아이콘과 맨 우측 전원표시가 파란색이 됩니다.

이 상태가 CiTV 서버 및 카메라로 사용할 스마트폰과 접속이 완료된 상태입니다.

❼ 이 상태에서 동영상 실행 버튼을 터치하면 CCTV영상이 실행됩니다.

❽ 실행을 종료하려면 화면 상단의 X를 누르면 보는 것을 중지할 수 있습니다.

❾ CCTV 영상뿐 아니라 소리 역시 잘 전달됩니다.

❿ 영상 실행 화면 아래의 마이크 기능을 터치하여 내 목소리를 카메라에 전달할 수도 있고, 레코드 버튼을 눌러 사용하는 휴대폰에 녹화도 할 수 있습니다. 단, 녹화는 비디오 녹화버튼을 누르고 있는 동안의 화면이 녹화됩니다. (무료버전의 녹화시간은 10초입니다.)

계속 녹화가 필요하면 반복하여 녹화합니다. 이렇게 녹화한 화면은 갤러리 CCTV비디오 폴더에 들어가 저장됩니다만, 구글 드라이브에 원본이 저장되었으므로 중요한 의미는 없습니다.

⓫ 기본적인 사용방법은 처음 설정단계에서 나오기도 하지만 메뉴에 들어가면 사용법 설명서가 있어 언제든지 사용법을 익힐 수 있습니다. 이 메뉴에서 자주 묻는 질문을 선택해 보면 의문 해소에 많은 도움이 될 것입니다.

안 쓰는 스마트폰으로 차량 블랙박스 만들기
(아우토가드 앱을 이용한 블랙박스 만들기)

❶ 블랙박스로 활용할 스마트폰을 충전하여 구글 플레이 스토어에 들어

가 '아우토가드'라고 입력하고 검색하여 '아우토가드 블랙박스 캠코더'를 선택하고 설치합니다.

❷ 설치가 완료되면 열기를 터치합니다.

❸ 구글 계정이 있으면 구글 계정으로 로그인하거나 guest로 로그인합니다.

❹ 계정 선택 창에서 나와 있는 계정 부분을 터치하고 아래 다음을 터치합니다. 그리고 다음과 같이 진행합니다.

'속력 단위'를 선택하고 '다음' → '충돌영상 보관'을 선택하고 '다음' → 기본으로 911로 설정되어 있는 '긴급 연락처'에 119, 112 또는 지인 번호를 입력한 후 '다음' → 실내 대화를 녹음할 것인지 여부를 선택한 후 '다음' → '최대 비디오 용량'에서 한 편당 최대 저장용량(녹화 용량이 최대 용량을 초과하면 다음 동영상으로 저장)을 선택하고 '다음' → '영상 녹화 주기'를 선택하고 '다음' → '백그라운드 녹화' 사용을 선택하고 '다음' → '오류보고' '사용'을 선택하고 '다음' → '확인' → '허용' → '허용' → '허용' → '허용'

❺ 아랫줄 아이콘

- 아랫줄 맨 좌측 버튼: 녹화시작 및 중지
- 주황색 원 안의 느낌표: 저장된 화면 중 사고 장면을 찾기 위한 버튼
- 나침판: 차량 방향 표시
- km/h: 차량 속도 표시

❻ 윗줄 아이콘

- 상단 맨 좌측: 작동 상태 표시
- 동영상 화질: 수동으로 선택하여 화소를 선택할 수 있습니다.

  (자동을 선택)

- 상단 세 번째 아이콘: 차량 이동 거리를 10 cm 단위로 표시합니다.

  (자동을 선택)

- 상단 네 번째 아이콘: 차량의 횡축 자세 각도, 즉 오르막길/내리막 길을 표시합니다. (0을 선택)

❼ 세로 3점 아이콘

- 카메라: 전 후방 카메라를 선택하는 아이콘(후방카메라 선택)
- 비디오 회전: 화면을 어느 방향으로 찍을 것인지를 선택(자동)
- 오디오 녹음: 차량 내 대화/소리 녹음여부 선택
- 화이트 밸런스: 자동, 어떤 빛 조건에서 촬영 하는지를 결정
- 장면모드: 장면 장면을 찍는 모드로 다운되는 경향이 있어 사용하지 않는 것이 좋습니다. (off 선택)
- 인코딩 bitrat: 숫자가 크면 클수록 좋으나 파일 용량이 커지므로 선택하지 않습니다. (선택하지 않습니다.)
- FPS: 초당 30컷을 찍는 것이 적절합니다. (초당 화면 수 30을 선택)

❽ 바탕화면 우측 아래 웹스에 들어가 설치된 아우토가드를 바탕화면에 끌어내 놓고 다음부터는 블랙박스를 켤 필요가 있을 때 바로 실행합니다.

❾ 녹화된 영상은 갤러리의 아우토가드 파일에 저장됩니다.

❿ 저장된 파일에는 사고 영상은 물론 시간, 속도, 위도, 경도가 표시되어 사고 발생 시 유용한 정보를 제공합니다.

⓫ 데이터를 사용하지 않으므로 네트워크가 필요하지 않습니다. 배터리를 사용하므로 여름철 실내 온도에 의한 폭발 가능성을 염두에 두어야 합니다.

⓬ 사용 중인 스마트폰에도 같은 방법으로 설치하여 차량의 거치대에 거치하고 운행 중 웹을 실행하고 차량 이탈 시 휴대하면 고온으로 인한 문제도 해결할 수 있습니다.

이 책이 출판되기까지 도와주신 북스힐 출판사 관계자님들께 감사를 드립니다. 기술의 발달은 사람과 사람을 쉽게 이어 줍니다. 사람을 이어주는 수단으로 자동차의 발달과 항공 해양조선 분야, 그리고 또 하나 인간과 떼놓을 수 없는 통신의 발달이 기술의 발달이라고 정의할 수 있습니다. 이러한 기술의 발달에는 수많은 기술개발이 뒷받침 되어야 할 것입니다.

기술의 개발에는 다양한 문제 상황이 발생할 수 있으며, 이로 인해 중도에 개발을 포기하거나 한계에 이르게 되기도 합니다. 책을 출판하는 것도 마찬가지입니다. 몇몇 사람들은 내가 그동안 생활해온 것을 책으로 내고 싶어 하지만 막상 그 일을 실천하기에는 그리 녹록하지 않은 것이 현실입니다. 이러한 도전의 한계점을 극복하기 위한 각종 창의 학습이 있지만 이것 또한 인간의 고정관념이라는 장벽에 부딪쳐 중간에 포기하거나 수많은 실수를 반복하는 결과를 가져와 포기하는 경우가 많습니다.

그리고 특히 어떠한 일이나 사물을 어떻게 보느냐에 따라 판단의 기준이 좌우되는 일이 종종 일어납니다. 예를들어 우리가 지금 다루고 있는 휴대폰에 관하여 '우리는 오래전부터 익히 잘 알고 지금도 매일 함께하고 있는 휴대폰을 어떻게 그리고 무엇으로 볼 것인지'가 관건입니다.

오래전 자동차전용 카폰을 시작으로 우리가 사용하던 휴대폰 브랜드 모토로라는 전 세계 시장을 석권했던 세계적인 브랜드입니다. 그런데 지금은

역사 속으로 사라져 젊은 사람들은 그 존재조차도 모르는 사람들이 대부분입니다. 문제는 어떤 사물을 무엇으로 보고 어떻게 대응을 했느냐가 생사를 가르고 희비가 엇갈리는 결정적인 역할을 했던 것입니다.

모토로라는 휴대폰을 단지 전화기 기계로 보았고, 세계적인 국내 기업 삼성은 휴대폰을 전화기로 보았습니다. 그러나 삼성의 경쟁사인 애플은 휴대폰을 컴퓨터로 본 것이고 더 나아가 글로벌 소프트웨어기업 구글에서는 휴대폰을 AI로 보고 있는 것입니다.

과연 누가 살아남고 누가 역사 속으로 사라질까요? 흔히 말하는 4차 산업혁명의 시대, 하루가 다르게 급변하는 시대가 도래한 지금, 4차 산업혁명의 근간은 바로 휴대폰에서 시작됩니다. 전 세계 사회경제 문화적 르네상스를 불러올 과학 기술은 휴대폰으로부터 시작되면서 사람과 사람을 쉽게 이어 주는 핵심기술이 되었습니다.

지금 우리는 미래 예측이 전혀 불가능한 현실과 싸워야 합니다. 우버, 에어비앤비, 알리바바, 트리바고 등 오늘날의 혁신기업은 유비쿼터스와 모바일인터넷 인공지능AI과 기계적인 학습을 통해 기존의 틀을 깨고 새로운 가치를 세상에 내놓았습니다. 이는 새로운 기술문명의 시대가 열리면서 제4차 산업혁명의 시대에 걸맞는 소프트웨어 기술을 기반으로 생성되는 디지털 연결성이 세계를 근본적으로 변화시키면서 전 세계를 하나로 묶어 현대 사회는 탈바꿈되어가고 있습니다.

이러한 공공의 목표와 가치를 반영한 공동의 미래를 구현하기 위해서는 서로 이해를 공유하는 것이 무엇보다 중요하며, 시대 상황에 맞춰 우리는 창조적 혁신과 도전으로 새로운 미래를 열어 가야 할 것입니다.

저자 박대영 / 양지웅 / 서나윤

1. Jeremy Rifkin, The Third Industrial Revolution, 민음사, 2012.
    Richard Susskind, 4차 산업혁명 시대 전문직의 미래, 와이즈베리, 2016.
    클라우드 슈밥 저, 송경진 역, 클라우드 슈밥의 제4차 산업혁명, 새로운현재, 2016,
    ISBN 9788962805901.
2. "알파고, 기후 변화·질병처럼 다양한 목적에 사용할 것", 조선일보, 2016.
3. 네이버 검색 지식백과
    (http://terms.naver.com/search.nhn?query=%EC%A0%9C4%EC%B0%A8%EC%8
    2%B0%EC%97%85%ED%98%81%EB%AA%85&searchType=text&dicType=&subj
    ect=)
4. Schwab, K(2016), The Fourth Industrial Revolution: what it means, how to
    respond, World Economic Forum.
5. SM-G95X_UM_Nougat_Kor_Rev.1.4_170821 삼성 매뉴얼
6. SM-G95X_UM_Nougat_Kor_Rev.1.4_170821 삼성 매뉴얼
7. SM-G95X_UM_Nougat_Kor_Rev.1.4_170821 삼성 매뉴얼
8. SM-G95X_UM_Nougat_Kor_Rev.1.4_170821 삼성 매뉴얼
9. SM-G95X_UM_Nougat_Kor_Rev.1.4_170821 삼성 매뉴얼
10. SM-G95X_UM_Nougat_Kor_Rev.1.4_170821 삼성 매뉴얼
11. 클라우드 슈밥(2016), 클라우드 슈밥의 제4차 산업혁명, p.24.
12. Elana Rot, "How Much Data Will You Have in 3 Years?", Sisense, 29 July
    2015. www.sisense.com/blog/much-data will 3-years/
13. SM-G95X_UM_Nougat_Kor_Rev.1.4_170821 삼성 매뉴얼
14. SM-G95X_UM_Nougat_Kor_Rev.1.4_170821 삼성 매뉴얼
15. UDI Manber and Peter Norvig., "The power of the Apollo missions in a single
    google search" Google Inside Search, 28 August com 2012, http://insidesearch
    blogspot, 2012/08/the-power-of-apollo-missions-in-single.html

16. 블로거팁닷컴-생활에 도움을 주는 유용한 스마트폰 앱100(http://bloggertip. com/4323)

17. 네이버 지식백과
(http://terms.naver.com/entry.nhn?docId=3340565&cid=40942&categor yId=32839)

18. SM-G9930_UM_Nougat_Kor_Rev.1.0_170119 삼성 매뉴얼

19. SM-G95X_UM_Nougat_Kor_Rev.1.4_170821 삼성 매뉴얼

20. 파파고 공식 블로그(http://blog.naver.com/nv_papago/220782606440)

21. https://play.google.com/store/apps/details?id=com.naver.labs.translator&hl=ko

22. https://play.google.com/store/apps/details?id=com.naver.labs.translator&hl=ko

23. https://play.google.com/store/apps/details?id=com.naver.labs.translator&hl=ko

24. https://play.google.com/store/apps/details?id=com.naver.labs.translator&hl=ko

25. https://play.google.com/store/apps/details?id=com.naver.labs.translator&hl=ko

26. https://play.google.com/store/apps/details?id=com.naver.labs.translator&hl=ko

27. 스카이스캐너
(https://www.skyscanner.co.kr/news/airport-questions-getting-through-customs)

28. https://play.google.com/store/apps/details?id=com.google.android.apps. translate&hl=ko

29. https://play.google.com/store/apps/details?id=com.google.android.apps. translate&hl=ko

30. 한컴샵
(http://www.hancom.com/product/productGenietalkMain.do?gnb0 =23&gnb1=403#)

31. https://play.google.com/store/apps/details?id=com.google.android.apps. translate&hl=ko

32. https://play.google.com/store/apps/details?id=com.google.android.apps. translate&hl=ko

33. 네이버 지식백과
(http://terms.naver.com/entry.nhn?docId=3607510&cid=58598&categoryId= 59316)

34. 네이버 지식 백과
(http://terms.naver.com/entry.nhn?docId=3577190&cid=59088&categor yId=59096)

35. 구글 드라이브 공식 (https://www.google.co.kr/intl/ko/drive/)

36. 구글 드라이브 홈페이지
(https://support.google.com/drive/answer/6156103?hl=ko&co=GENIE.
Platform=Android)

37. OneDrive 공식 홈페이지 (https://onedrive.live.com/about/ko-kr/)

38. 에버노트 공식 홈페이지 (https://evernote.com/intl/ko/)

39. https://play.google.com/store/apps/details?id=co.speechnotes.speechnotes&hl=ko

40. https://play.google.com/store/apps/details?id=com.intsig.camscanner&hl=ko

41. https://play.google.com/store/apps/details?id=com.intsig.camscanner&hl=ko

42. 네이버 지식백과
(http://terms.naver.com/entry.nhn?docId=1219769&cid=40942&categoryId=32828)

43. microsoft 공식 홈페이지
(https://www.microsoft.com/ko-kr/store/p/office-lens/9wzdncrfj3t8?rtc=1#system-requirements)

44. microsoft 공식 홈페이지
(https://www.microsoft.com/ko-kr/store/p/office-lens/9wzdncrfj3t8?rtc=1)

45. microsoft 공식 홈페이지
(https://www.microsoft.com/ko-kr/store/p/office-lens/9wzdncrfj3t8?rtc=1)

46. microsoft 공식 홈페이지
(https://www.microsoft.com/ko-kr/store/p/office-lens/9wzdncrfj3t8?rtc=1)

47. 네이버 지식백과
(http://terms.naver.com/entry.nhn?docId=3404691&cid=43667&categoryId=43667)

48. 스카이스캐너 공식 홈페이지 (https://www.skyscanner.co.kr/)

49. 네이버 지식백과
(http://terms.naver.com/entry.nhn?docId=932835&cid=43667&categoryId=43667)

50. 티머니 공식 홈페이지
(ttps://www.t-money.co.kr/ncs/pct/mblTmny/ReadMblTmnyGd.dev)

51. 카카오 버스 홈페이지(https://map.kakao.com/info/kakao_bus)

52. 카카오 T홈페이지 (https://www.kakaocorp.com/service/KakaoT?lang=ko)

53. 삼성페이 공식 홈페이지(http://www.samsung.com/sec/samsung-pay/)

54. 삼성페이 공식 홈페이지(http://www.samsung.com/sec/samsung-pay/)

55. SM-G95X_UM_Nougat_Kor_Rev.1.4_170821 삼성 매뉴얼

56. 카카오 뱅크 공식 홈페이지(https://www.kakaobank.com/)

57. 모비즌 홈페이지(https://www.mobizen.com/)

58. 네이버 지식인
(http://terms.naver.com/search.nhn?query=%EB%94%94%EB%B2%84%EA%B9
%85+usb&searchType=&dicType=&subject=)

59. http://www.lanmart.co.kr/shop/goods/goods_view.php?goodsno=8767&categ
ory=029001

60. http://www.lanmart.co.kr/shop/goods/goods_view.php?goodsno
=9013&category=031

61. http://www.lanmart.co.kr/shop/goods/goods_view.php?goodsno=
9013&category=031

62. http://storefarm.naver.com/cablewa/products/2086579762

63. http://storefarm.naver.com/cablewa/products/2086579762

64. https://play.google.com/store/apps/details?id=com.sec.android.app.shealth

65. SM-G95X_UM_Nougat_Kor_Rev.1.4_170821 삼성 매뉴얼

66. SM-G95X_UM_Nougat_Kor_Rev.1.4_170821 삼성 매뉴얼

67. SM-G95X_UM_Nougat_Kor_Rev.1.4_170821 삼성 매뉴얼

68. SM-G95X_UM_Nougat_Kor_Rev.1.4_170821 삼성 매뉴얼

69. SM-G95X_UM_Nougat_Kor_Rev.1.4_170821 삼성 매뉴얼

70. SM-G95X_UM_Nougat_Kor_Rev.1.4_170821 삼성 매뉴얼

71. SM-G95X_UM_Nougat_Kor_Rev.1.4_170821 삼성 매뉴얼

72. SM-G95X_UM_Nougat_Kor_Rev.1.4_170821 삼성 매뉴얼

73. SM-G95X_UM_Nougat_Kor_Rev.1.4_170821 삼성 매뉴얼

74. SM-G95X_UM_Nougat_Kor_Rev.1.4_170821 삼성 매뉴얼

75. SM-G95X_UM_Nougat_Kor_Rev.1.4_170821 삼성 매뉴얼

76. SM-G95X_UM_Nougat_Kor_Rev.1.4_170821 삼성 매뉴얼

77. SM-G95X_UM_Nougat_Kor_Rev.1.4_170821 삼성 매뉴얼

78. SM-G95X_UM_Nougat_Kor_Rev.1.4_170821 삼성 매뉴얼

79. SM-G95X_UM_Nougat_Kor_Rev.1.4_170821 삼성 매뉴얼

80. SM-G95X_UM_Nougat_Kor_Rev.1.4_170821 삼성 매뉴얼

81. SM-G95X_UM_Nougat_Kor_Rev.1.4_170821 삼성 매뉴얼

82. SM-G95X_UM_Nougat_Kor_Rev.1.4_170821 삼성 매뉴얼

83. SM-G95X_UM_Nougat_Kor_Rev.1.4_170821 삼성 매뉴얼

84. SM-G95X_UM_Nougat_Kor_Rev.1.4_170821 삼성 매뉴얼

85. SM-G95X_UM_Nougat_Kor_Rev.1.4_170821 삼성 매뉴얼

86. SM-G95X_UM_Nougat_Kor_Rev.1.4_170821 삼성 매뉴얼

87. 네이버 지식백과
(http://terms.naver.com/entry.nhn?docId=2413430&cid=51399&categor
yId=51399)

88. SM-G95X_UM_Nougat_Kor_Rev.1.4_170821 삼성 매뉴얼

89. SM-G95X_UM_Nougat_Kor_Rev.1.4_170821 삼성 매뉴얼